O'Reilly精品图书系列

# 数据自助服务实践指南

## 数据开放与洞察提效

[美] Sandeep Uttamchandani 博士 著

吴瑞诚 熊畅 王晓倩 译

Beijing · Boston · Farnham · Sebastopol · Tokyo

O'Reilly Media, Inc. 授权机械工业出版社出版

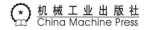

机械工业出版社
China Machine Press

**图书在版编目（CIP）数据**

数据自助服务实践指南：数据开放与洞察提效／（美）桑迪普·乌坦坎达尼著；吴瑞诚，熊畅，王晓倩译 . -- 北京：机械工业出版社，2022.4

（O'Reilly 精品图书系列）

书名原文：The Self-Service Data Roadmap

ISBN 978-7-111-70385-3

I. ①数… II. ①桑… ②吴… ③熊… ④王… III. ①数据管理－指南 IV. ① TP274-62

中国版本图书馆 CIP 数据核字（2022）第 046590 号

北京市版权局著作权合同登记　图字：01-2020-6835 号。

**封底无防伪标均为盗版**

书　　名／　数据自助服务实践指南：数据开放与洞察提效

书　　号／　ISBN 978-7-111-70385-3

责任编辑／　王春华

封面设计／　Karen Montgomery，张健

出版发行／　机械工业出版社

地　　址／　北京市西城区百万庄大街 22 号（邮政编码 100037）

印　　刷／　北京诚信伟业印刷有限公司

开　　本／　178 毫米 ×233 毫米　16 开本　14.25 印张

版　　次／　2022 年 5 月第 1 版　2022 年 5 月第 1 次印刷

定　　价／　99.00 元（册）

客服电话：(010) 88361066　88379833　68326294

华章网站：www.hzbook.com

投稿热线：(010) 88379604

读者信箱：hzjsj@hzbook.com

# O'Reilly Media, Inc.介绍

O'Reilly 以"分享创新知识，改变世界"为己任。40多年来我们一直向企业、个人提供成功所必需之技能及思想，激励他们创新并做得更好。

O'Reilly 业务的核心是独特的专家及创新者网络，众多专家及创新者通过我们分享知识。我们的在线学习（Online Learning）平台提供独家的直播培训、图书及视频，使客户更容易获取业务成功所需的专业知识。几十年来 O'Reilly 图书一直被视为学习开创未来之技术的权威资料。我们每年举办的诸多会议是活跃的技术聚会场所，来自各领域的专业人士在此建立联系，讨论最佳实践并发现可能影响技术行业未来的新趋势。

我们的客户渴望做出推动世界前进的创新之举，我们希望能助他们一臂之力。

## 业界评论

"O'Reilly Radar 博客有口皆碑。"

  —— *Wired*

"O'Reilly 凭借一系列非凡想法（真希望当初我也想到了）建立了数百万美元的业务。"

  —— *Business 2.0*

"O'Reilly Conference 是聚集关键思想领袖的绝对典范。"

  —— *CRN*

"一本 O'Reilly 的书就代表一个有用、有前途、需要学习的主题。"

  —— *Irish Times*

"Tim 是位特立独行的商人，他不光放眼于最长远、最广阔的领域，并且切实地按照 Yogi Berra 的建议——如果你在路上遇到岔路口，那就走小路——去做了。回顾过去，Tim 似乎每一次都选择了小路，而且有几次都是一闪即逝的机会，尽管大路也不错。"

  —— *Linux Journal*

# 译者序

我从事大数据开发工作已有 10 余年，如果以工程视角从底层数据接入到上层数据应用来看，我过往的工作内容涵盖了数据接入、离线 / 实时数据仓库建设、数据 ETL、数据挖掘（个性推荐、风控方向）、数据分析、数据可视化等完整数据链路的开发，并得以实践落地，促使公司业务高效开展。其间多次燃起过把这些心得和经验落成文字的念头，也尝试过多次对外技术分享，但这些技术分享都是从细分层面或者工程技术实践来展开讲解的，一直没能找到一条主线把这些内容串起来，所以这个念头迟迟没有落地。

直到好友万学凡突然问我是否有兴趣翻译一本有关大数据实践方面的书（即本书），在了解大概内容后，我与擅长数据分析、数据运营、专业翻译的好友熊畅和王晓倩一起接下了本书的翻译工作。经过近半年的翻译和校对，我们终于完成了本书的翻译。

本书作者担任 Unravel Data Systems 的工程副总裁兼首席数据官，在构建企业数据产品、商业分析与机器学习应用方面有近 20 年的经验。本书基于"洞察耗时"记分卡方法展开，也就是说，为数据平台的当前状态定义记分卡，从源数据到洞察的过程包括发现、准备、构建、实施这四个关键步骤，对这四个关键步骤中各个环节的耗时进行度量，最后列出完整的路线积分卡，并从中识别洞察过程中的痛点，优化这些痛点，实现每个指标的自助服务，最终达到洞察提效的目的。书中每一章都专注于一个指标，并涵盖自动化水平不断提高的模式。书中没有推荐太多当前流行的技术组件或者很快会过时的特定技术，而是关注实现模式，提供了一些现有技术最佳实践的案例。

本书极具指导价值，致力于把数据用户和数据工程师的观点结合在一起，读后必大有所获。

我与本书的另两位译者熊畅和王晓倩一起克服了日常工作的压力，同心协力完成了本书的翻译工作。

感谢我们的家人，他们的理解和支持使我们得以心无旁骛地翻译本书。同时感谢机械工业出版社华章分社的编辑李忠明，他的耐心解答让我们在翻译过程中少走了很多弯路，也感谢负责本书审校工作的编辑们，他们极大地提高了本书的质量。

吴瑞诚<br>2021 年 12 月于武汉

# 目录

# 前言

## 排版约定

本书中使用以下排版约定：

斜体（*Italic*）

　　表示新的术语、URL、电子邮件地址、文件名和文件扩展名。

等宽字体（`Constant width`）

　　用于程序清单，以及段落中的程序元素，例如变量名、函数名、数据库、数据类型、环境变量、语句以及关键字。

等宽粗体（**`Constant width bold`**）

　　表示应由用户直接输入的命令或其他文本。

等宽斜体（*`Constant width italic`*）

　　表示应由用户提供的值或由上下文确定的值替换的文本。

 该图示表示提示或建议。

 该图示表示一般性说明。

 该图示表示警告或注意。

1

# 示例代码

可以从 *https://oreil.ly/ssdr-book* 下载补充材料（示例代码、练习、勘误等）。

这里的代码是为了帮助你更好地理解本书的内容。通常，可以在程序或文档中使用本书中的代码，而不需要联系 O'Reilly 获得许可，除非需要大段地复制代码。例如，使用本书中所提供的几个代码片段来编写一个程序不需要得到我们的许可，但销售或发布 O'Reilly 的示例代码则需要获得许可。引用本书的示例代码来回答问题也不需要许可，将本书中的很大一部分示例代码放到自己的产品文档中则需要获得许可。

非常欢迎读者使用本书中的代码，希望（但不强制）注明出处。注明出处时包含书名、作者、出版社和 ISBN，例如：

*The Self-Service Data Roadmap*，作者 Sandeep Uttamchandani，由 O'Reilly 出版，书号 978-1-492-07525-7

如果读者觉得对示例代码的使用超出了上面所给出的许可范围，欢迎通过 *permissions@oreilly.com* 联系我们。

# O'Reilly 在线学习平台 (O'Reilly Online Learning)

**O'REILLY®** 40 多年来，O'Reilly Media 致力于提供技术和商业培训、知识和卓越见解，来帮助众多公司取得成功。

我们拥有独一无二的专家和革新者组成的庞大网络，他们通过图书、文章、会议和我们的在线学习平台分享他们的知识和经验。O'Reilly 的在线学习平台允许你按需访问现场培训课程、深入的学习路径、交互式编程环境，以及 O'Reilly 和 200 多家其他出版商提供的大量文本和视频资源。有关的更多信息，请访问 *http://oreilly.com*。

# 如何联系我们

对于本书，如果有任何意见或疑问，请按照以下地址联系本书出版商。

美国：

O'Reilly Media，Inc.
1005 Gravenstein Highway North
Sebastopol，CA 95472

中国：

北京市西城区西直门南大街 2 号成铭大厦 C 座 807 室（100035）
奥莱利技术咨询（北京）有限公司

---

要询问技术问题或对本书提出建议，请发送电子邮件至 *bookquestions@oreilly.com*。

本书配套网站 *https://oreil.ly/ssdr* 上列出了勘误表、示例以及其他信息。

关于书籍、课程、会议和新闻的更多信息，请访问我们的网站 *http://www.oreilly.com*。

我们在 Facebook 上的地址：*http://facebook.com/oreilly*

我们在 Twitter 上的地址：*http://twitter.com/oreillymedia*

我们在 YouTube 上的地址：*http://www.youtube.com/oreillymedia*

第 1 章

# 数据介绍

数据是新的石油。目前，企业内部的结构化数据、半结构化数据以及非结构化数据的数据量呈指数级增长。在每个垂直行业，具备数据洞察力的企业往往有更强的竞争力，这些企业使用机器学习（Machine Learning，ML）模型来改善产品功能及业务流程。

当今的企业拥有丰富的数据，但缺乏数据洞察力。Gartner（*https://oreil.ly/kg3MU*）预测，到 2022 年，将有 80% 的数据分析与洞察无法带来业务成果。另一项研究（*https://oreil.ly/Z6wcN*）表明，87% 的数据项目无法部署到生产环境中。来自谷歌的 Sculley 等人（*https://oreil.ly/2xq7x*）的研究表明，在生产中实现机器学习时，只有不到 5% 的工作花在了机器学习算法上（如图 1-1 所示），剩下 95% 的工作用在了数据（发现、收集和准备数据）以及数据工程（在生产中构建和部署模型）上。

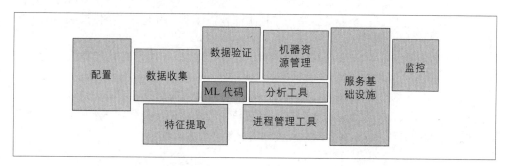

图 1-1：Sculley 等人的研究分析了将机器学习模型投入生产所花费的时间。机器学习编码耗费了 5% 的时间，而剩余 95% 的时间花在了与数据工程相关的活动上

尽管在数据湖中收集了大量数据，但它们可能不一致、无法解释、不准确、不及时、未标准化或不充分。针对这样的数据，数据科学家不得不把大量的时间花在调整数据收集系统、定义元数据、为训练机器学习算法整理数据、大规模部署管道和模型等工程活动上。这些活动超出了数据科学家的核心洞察提取能力，并且由于对数据工程师和平台 IT 工程师的依赖而成为瓶颈——这些工程师通常缺乏必要的业务背景。工程的复杂性限制

5

了数据分析师和科学家获取数据，导致数据无法在产品管理、营销、金融、工程等领域得到应用。市场上虽然有很多关于机器学习编程和数据技术研究的书籍，但是关于开发自助服务平台以支持广泛的数据用户所需的数据工程操作模式的书籍很少。

一些企业已经确定了自动化的需求，并实现了从数据到洞察自助服务的过程。谷歌的TensorFlow Extended（TFX）（*https://oreil.ly/IzHKV*）、Uber 的 Michelangelo（*https://oreil.ly/mZiAI*）以及 Facebook 的 FBLearner Flow（*https://oreil.ly/nOdbi*）都是开发机器学习洞察的自助服务平台的例子。没有普遍适用的银弹策略。每个企业在现有技术构建块、数据集质量、支持的用例类型、流程和人员技能方面都是独一无二的。例如，为少数使用干净的数据集开发机器学习模型的数据科学家创建一个自助服务平台，与创建支持异构数据用户使用不同质量的数据集（并使用自制工具进行接入和调度）且支持其他构件块的平台截然不同。

尽管在数据技术上进行了大量投入，但根据我的经验，自助服务数据平台计划在执行过程中要么失败，要么中途放弃，原因有以下三点：

*在沟通中迷失了数据用户真正的痛点*
　　数据用户和数据平台工程师的视角不同。数据工程师不懂具体的业务问题且把握不到数据用户的痛点。数据用户不了解大数据技术的局限性和现实情况。这导致团队之间相互指责，无法得出一个持久的解决方案。

*为了技术而采用"闪亮"的新技术*
　　鉴于解决方案众多，团队经常采用下一个"闪亮"的技术，而不清楚减缓提取洞察的问题。很多时候，企业最终是为了技术而投资技术，而没有减少提取洞察的总体时间。

*在转型过程中处理过多的问题*
　　多种功能构成平台自助服务。团队的目标通常是处理所有方面的工作，这无异于煮沸大海。相反，开发自助服务数据平台应该像开发自动驾驶汽车（具有不同级别的自动驾驶能力）一样，在自动化程度和实现复杂性方面有所不同。

# 1.1 从原始数据到洞察

传统上，数据仓库聚合了来自事务性数据库的数据，并生成回顾性的批处理报告。数据仓库解决方案通常由单一的供应商打包销售，集成了元数据编目、查询调度、接入连接器等功能。查询引擎和数据存储耦合在一起，互操作性选择有限。在今天的大数据时代，数据平台是由不同的数据存储、框架和处理引擎组合而成的，支持多种数据属性和洞察类型。在内部部署、云部署或混合部署中，有许多技术可供选择，存储和计算的解耦使得数据存储、处理引擎和管理框架的混合和匹配成为可能。大数据时代的口号是根据数据类型、用例需求、数据用户的复杂程度以及与已部署技术的互操作性，使用"合适的工具来完成合适的工作"。表 1-1 对比了传统数据仓库时代和大数据时代的关键区别。

表 1-1: 关键区别

| | 从传统数据仓库时代提取洞察 | 从大数据时代提取洞察 |
| --- | --- | --- |
| 数据格式 | 结构化数据 | 结构化数据、半结构化数据和非结构化数据 |
| 数据特征 | 大量数据 | 具备 4V（*https://oreil.ly/UgTk8*）特征的数据，4V 指 Volume（规模性）、Velocity（高速性）、Variety（多样性）、Veracity（准确性）[编辑注 1] |
| 编目数据 | 在聚合数据时定义 | 在读取数据时定义 |
| 洞察的特性 | 大多数洞察是回顾性的（比如，发生在上周的商业事件） | 洞察同时具有回顾、交互性、实时性和预测性 |
| 查询处理方法 | 查询处理引擎和数据存储打包在同一个解决方案中 | 查询处理引擎和数据存储解耦 |
| 数据服务 | 集成为一个统一的解决方案 | 根据不同任务，可以自由搭配组合 |

提取洞察分为四个关键阶段：发现、准备、构建和实施（如图 1-2 所示）。我们以构建一个实时业务洞察仪表盘为例来详细说明，该仪表盘可以跟踪收入、营销活动绩效、显示客户注册和流失情况等。仪表盘还包括一个机器学习预测模型，用于预测不同地区的收入。

图 1-2: 从原始数据中提取洞察的过程

## 1.1.1 发现

所有洞察项目都是从发现可用的数据集和工件，并收集提取洞察所需的任何额外数据开始的。通常，数据发现的复杂性源于企业内部知识扩展的困难性。数据团队往往从小规模开始，团队知识容易获得且可靠。但随着数据量的增长和团队规模的扩大，会在各业务线之间形成孤岛，导致没有可信的单一数据源。今天的数据用户，需要在质量、复杂性、相关性和可信度各不相同的数据资源海洋中前行。以实时业务仪表盘和收入预测模型为例，数据用户的出发点是了解常用数据集的元数据，即客户资料、登录日志、计费数据集、定价和促销活动等。

### 发现数据集的元数据细节

第一步是理解元数据的属性，比如数据来自何处、数据属性是如何生成的等。元数据在决定数据的质量和可靠性方面也发挥着关键作用。例如，如果模型是使用未正确填充的表，或者其数据管道中存在错误的表构建的，那么该模型是不正确和不可靠的。数据用户首先获取其他用户提供的团队知识，这些知识可能是过时的和不可靠的。收集和关联元数据需要访问数据存储、接入框架、调度器、元数据目录、合规框架等。在数据集被收集和转换的过程中，没有标准化的格式来跟踪数据集的元数据。理解元数据的属性所需的时间需要通过度量"解释耗时"来追踪。

### 搜索可用的数据集和工件

具备理解数据集元数据细节的能力后，下一步就是找到所有相关的数据集和工件，包括视图、文件、流、事件、指标、仪表盘、ETL 和即席查询等。在一个典型的企业中，数据集往往非常多。作为一个极端的例子，谷歌有 260 亿个数据集（*https://oreil.ly/Feume*）。根据规模的不同，数据用户可能需要花费数天或数周的时间来确定相关细节。如今，搜索主要依赖于数据用户的团队知识和应用程序开发人员。可用的数据集和工件在不断地演进，需要不断地更新元数据。完成这一步所需的时间需要通过度量"搜索耗时"来追踪。

### 为机器学习模型重用或创建特征

继续这个示例，开发收入预测模型需要使用市场、产品线等历史收入数据进行训练。作为机器学习模型输入的属性（如收入）称为特征。如果历史数据可用，那么属性就可以作为特征使用。在构建机器学习模型的过程中，数据科学家对特征组合进行迭代，以生成最准确的模型。数据科学家需要花费 60% 的工作时间来创建训练数据集，为机器学习模型生成特征。重用现有特征可以从根本上减少机器模型的开发时间。完成这一步所需的时间需要通过度量"特征处理耗时"来追踪。

### 聚合缺失的数据

为了创建业务仪表盘，需要将已识别的数据集（如客户活动和账单记录）关联起来，以生成留存风险的洞察。为了访问横跨不同应用程序孤岛的数据集，通常需要将这些数据集汇总并迁移到一个集中式的中央存储库中，类似数据湖。迁移数据涉及协调异构系统间的数据移动、验证数据正确性，以及适应数据源上发生的任何模式或配置更改。一旦将洞察部署到生产环境中，数据迁移就是一个持续的任务，需要作为管道的一部分进行管理。完成这一步所需的时间需要通过度量"数据可用性耗时"来追踪。

### 管理点击流事件

在业务仪表盘中，假设我们要分析应用程序中最耗时的工作流。这需要根据点击、浏览和相关上下文来分析客户的活动，比如之前的应用程序页面、访问者的设备类型等。为了跟踪活动，数据用户可以利用产品中现有的记录活动的工具，或者添加额外的工具来记录特定小组件（如按钮）的点击。点击流数据在用于生成洞察之前，需要经过聚合、过滤和丰富。例如，需要从原始事件中过滤由机器人产生的流量。处理大量的流事件非常具有挑战性，特别是在近实时的应用场景中，例如定向个性化。完成收集、分析和聚合行为数据这一步所需的时间需要通过度量"点击指标耗时"来追踪。

## 1.1.2 准备

准备阶段致力于为构建实际业务逻辑以提取洞察做好数据准备。准备工作是一项反复的、耗时的任务，包括数据聚合、清理、标准化、转换和反规范化。这个阶段涉及多种工具和框架。另外，准备阶段还需要进行数据治理，以满足监管合规性需求。

### 在中央存储库中管理聚合数据

继续这个例子，业务仪表盘和预测模型所需的数据现在聚合在一个中央存储库（通常称为数据湖）中。业务仪表盘需要结合历史批处理数据和流式行为数据事件。根据数据模型和存储在磁盘上的格式，需要有效地对数据进行持久化。与传统的数据管理类似，数据用户需要确保访问控制、备份、版本控制、并发数据更新的 ACID 属性等。完成这一步所需的时间需要通过度量"数据湖管理耗时"来追踪。

### 结构化、清理、丰富和验证数据

现在数据已经聚集在湖中，我们需要确保数据的格式是正确的。例如，假设在计费数据集中，试用客户的账单记录有一个空值。作为结构化的一部分，空值将被显式地转换为零。同样，在使用选定客户时可能存在异常值，需要排除它们以防止影响整体参与度分析。这些活动被称为数据整理。应用整理转换需要用 Python、Perl 和 R 等编程语言编写特殊的脚本，或者进行烦琐的手工编辑。鉴于数据的数量、速度和多样性不断增长，数据用户使用低级编码技能以高效、可靠和重复的方式大规模地应用转换。并且，这些转换不是一次性的，而是需要以可靠的方式持续应用。完成这一步所需的时间需要通过度量"整理耗时"来追踪。

### 确保数据权限合规

假设客户不同意使用他们的行为数据来产生洞察，则数据用户需要了解哪些客户的数据可以用于哪些用例。合规性是在给客户提供更好的洞察体验和确保数据的使用符合客户的意图之间的平衡。目前没有简单的方法可以解决这个问题。数据用户希望有一种简单的方法可以定位给定用例的所有可用数据，且不必担心违反合规性。没有单一标识符可用于跨孤岛数据集来跟踪客户数据。完成这一步所需的时间需要通过度量"合规耗时"来追踪。

## 1.1.3 构建

构建阶段的重点是编写提取洞察所需的实际逻辑。以下是这个阶段的关键步骤。

### 确定访问和分析数据的最佳方法

构建阶段的起点是确定编写和执行洞察逻辑的策略。数据湖中的数据可以持久化为对象，也可以存储在专门的服务层中，即键-值存储、图数据库、文档存储等。数据用户需要决定是否利用数据存储的原生 API 和关键字，并确定处理逻辑的查询引擎。例如，在 Presto 集群上运行短时的交互式查询，而在 Hive 或 Spark 上运行长时的批处理查询。理想情况下，转换逻辑应该是不可知的，并且在将数据迁移到不同的聚类存储时，或部署了不同的查询引擎时，转换逻辑不应该改变。完成这一步所需的时间需要通过度量"虚拟化耗时"来追踪。

### 编写转换逻辑

业务仪表盘或模型洞察的实际逻辑通常是以提取 - 转换 - 加载（ETL）、提取 - 加载 - 转换（ELT）或流式分析模式编写的。业务逻辑需要被翻译成高性能、可扩展性良好且易于管理更改的代码。需要监控逻辑的可用性、质量和变更管理。完成这一步所需的时间需要通过度量"转换耗时"来追踪。

### 训练模型

在收入预测示例中需要训练一个机器学习模型。我们使用历史收入数据来训练模型。随着数据集和深度学习模型的规模不断增长，训练可能需要几天甚至几周的时间。训练在由 CPU 和 GPU 等专用硬件组成的服务器群上运行。并且，训练是迭代的，有数百种模型参数和超参数值的排列组合，用于寻找最佳模型。模型训练不是一次性的，需要针对数据属性的变化重新训练。完成这一步所需的时间需要通过度量"训练耗时"来追踪。

### 持续集成机器学习模型变化

假设在业务仪表盘示例中，计算活跃用户的定义发生了变化。机器学习模型管道随着源模式、特征逻辑、依赖数据集、数据处理配置和模型算法的变化而不断演进。与传统的软件工程类似，机器学习模型也在不断更新，各团队每天都会进行多次更改。为了集成这些变化，需要跟踪与机器学习管道相关的数据、代码和配置。通过在测试环境中部署并使用生产数据来验证更改。完成这一步所需的时间需要通过度量"集成耗时"来追踪。

### 洞察的 A/B 测试

考虑一个为终端客户预测房价的机器学习模型。假设针对此洞察开发了两个同样准确的模型，哪一个更好？在大多数企业内部，普遍做法是部署多个模型，并将它们呈现给不同的客户集。基于客户使用的行为数据，从而选择一个更好的模型。A/B 测试（也称为桶测试、拆分测试或控制实验）正在成为做出数据驱动决策的标准方法。将 A/B 测试整合为数据平台的一部分，以确保在机器学习模型、业务报告和实验中应用一致的指标定义，这一点至关重要。正确配置 A/B 测试实验非常重要，并且必须确保不存在不平衡，避免导致不同群体之间的兴趣度量在统计上出现显著差异。同时，在不同实验变体之间，客户不应该被交叉影响。完成这一步所需的时间需要通过度量" A/B 测试耗时"来追踪。

## 1.1.4 实施

在提取洞察的实施阶段，洞察模型已经部署到生产环境中。此阶段一直持续到洞察模型在生产中被广泛使用为止。

### 验证和优化查询

继续以业务仪表盘和收入预测模型为例，数据用户编写了数据转换逻辑，可以是 SQL 查询，也可以是用 Python、Java、Scala 等实现的大数据编程模型（例如，Apache Spark 或 Beam）。好的查询和不好的查询之间的差异非常明显。根据实际经验，一个需要运行几个小时的查询可以通过调优在几分钟内完成。数据用户需要了解 Hadoop、Spark 和 Presto 等查询引擎中的众多旋钮及其功能。这需要深入了解查询引擎的内部工作原理，对于大多数数据用户而言挑战极大。没有什么通用方案——查询的最佳旋钮值根据数据模型、查询类型、集群大小、并发查询负载等的不同而有所不同。因此，查询优化是一项需要持续进行的活动。完成这一步所需的时间需要通过度量"优化耗时"来追踪。

### 编排管道

该过程需要调度与业务仪表盘和预测管道相关的查询。运行管道的最佳时间是什么时候？如何确保正确处理依赖关系？编排是确保管道服务水平协议（SLA）和有效利用底层资源的一种平衡行为。管道调用的服务横跨接入、准备、转换、训练和部署。数据用户需要监控和调试管道，以确保这些服务的正确性、健壮性和及时性（这很不容易）。管道的编排是多租户的，支持多个团队和业务用例。完成这一步所需的时间需要通过度量"编排耗时"来追踪。

## 部署机器学习模型

预测模型部署在生产环境中，以便不同的程序调用它以获得预测值。部署模型不是一次性的任务——机器学习模型会根据重新训练定期更新。数据用户使用非标准化、自主开发的脚本来部署需要定制的模型，以支持广泛的机器学习模型类型、机器学习库与工具、模型格式和部署终端（如物联网设备、移动设备、浏览器和 Web API）。目前还没有标准的框架来监控模型的性能并根据负载自动扩展。完成这一步所需的时间需要通过度量"部署耗时"来追踪。

## 监控洞察的质量

业务仪表盘每天都在使用，假如它在某一天显示了一个不正确的值，原因可能如下：不同步的源模式更改、数据元素属性发生变化、数据接入问题、源系统和目标系统的数据不同步、处理失败、生成指标的业务定义不正确等。数据用户需要对数据属性进行异常分析，并对检测到的质量问题进行根因调试。数据用户依赖一次性检查，在大量数据流经多个系统的情况下，这种检查是不可扩展的。我们的目标不仅是检测数据质量问题，还要避免将低质量的数据记录与其他数据集分区混在一起。完成这一步所需的时间需要通过度量"洞察质量耗时"来追踪。

## 持续成本监控

我们现在已经在生产中部署了洞察模型，并进行了持续监控以确保质量。实施阶段的最后一部分是成本管理。在云端，成本管理尤其关键，即付即用的付费模型会随着使用量的增加而线性增长（与传统的先买后用、固定成本模式不同）。随着数据大众化，数据用户可以在日常工作中自助提取洞察，但这有可能出现大量资源浪费，导致成本无限高的情况。比如，在高配 GPU 上运行一个糟糕的查询可能在几个小时内花费数千美元，这通常会让数据用户感到惊讶。数据用户需要回答以下问题：

a. 每个应用程序花了多少钱？

b. 哪个团队的支出会超出预算？

c. 是否可以在不影响性能和可用性的情况下减少开销？

d. 分配的资源是否得到了适当的利用？

完成这一步所需的时间需要通过度量"优化成本耗时"来追踪。

总的来说，在提取洞察的每个阶段，数据用户都把大量时间花在数据工程任务上，比如迁移数据、了解数据沿袭、搜索数据工件等。数据用户的理想"天堂"是一个数据自助服务平台，它可以简化和自动化日常工作中遇到的任务。

---

# 1.2 定义洞察耗时记分卡

洞察耗时是度量从原始数据到提取洞察所需时间的总体指标。在开发业务仪表盘和收入预测模型的示例中，洞察耗时表示完成整个提取洞察过程的总天数、周数或月数。根据经验，我将整个提取洞察过程划分为 18 个关键步骤，如上一节所述。每个步骤中都有一个指标，总体的洞察耗时就是所有 18 个指标的总和。

每个企业在与提取洞察相关的痛点上有所不同。以开发业务仪表盘为例，由于存在多个业务孤岛且缺乏文档，企业大部分的时间可能会花在解释数据、搜索数据上，而处于规范垂直行业的企业，其关键痛点可能是合规耗时。一般来说，由于现有流程的成熟度、技术、数据集、数据团队技能、行业垂直度等方面的差异，企业的痛点也不相同。为了评估数据平台的当前状态，我们使用了一个"洞察耗时"记分卡，如图 1-3 所示。这项工作的目标是确定整个提取洞察过程中最耗时的步骤。

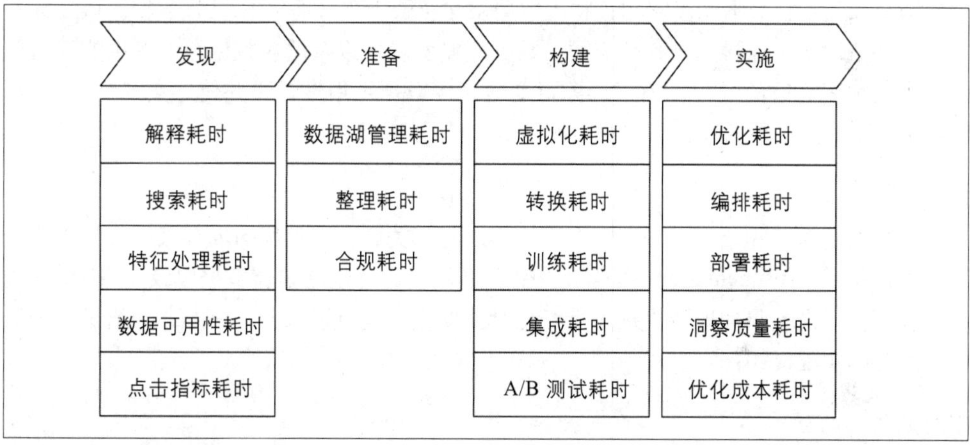

| 发现 | 准备 | 构建 | 实施 |
|------|------|------|------|
| 解释耗时 | 数据湖管理耗时 | 虚拟化耗时 | 优化耗时 |
| 搜索耗时 | 整理耗时 | 转换耗时 | 编排耗时 |
| 特征处理耗时 | 合规耗时 | 训练耗时 | 部署耗时 |
| 数据可用性耗时 | | 集成耗时 | 洞察质量耗时 |
| 点击指标耗时 | | A/B 测试耗时 | 优化成本耗时 |

图 1-3：洞察耗时指标的记分卡

本书后续的每一章都对应于记分卡中的一个指标，并描述了使其实现自助服务的设计模式。以下是对指标的简要总结。

*解释耗时*
> 与在使用数据集提取洞察之前了解其元数据细节的步骤相关联。对数据集不正确的假设通常会导致提取错误的洞察。该指标的现有值取决于定义、提取和聚合技术元数据、操作元数据和团队知识的过程。为了最大限度地减少解释耗时并使之实现自助服务，第 2 章介绍了元数据目录服务的实现模式，该服务通过抓取源数据、跟踪数据集的数据沿袭，并以标签、验证规则等形式聚合团队知识这一系列过程来提取元数据。

*搜索耗时*

与搜索相关数据集和工件的步骤相关联。搜索时间过长会导致团队选择重新发明轮子，在企业内部开发数据管道、仪表盘和模型等的克隆，从而产生多个事实来源。该指标的现有值取决于现有的索引、排序和访问控制数据集与工件的流程。在大多数企业中，这些流程要么是临时的，要么是对数据平台团队的手动依赖。为了最大限度地减少搜索耗时并使之实现自助服务，第3章介绍了搜索服务的实现模式。

*特征处理耗时*

与管理训练机器学习模型的特征的步骤相关联。数据科学家花费 60% 的时间为机器学习模型创建训练数据集。该指标的现有值取决于特征计算和特征服务的过程。为了最大限度地减少特征处理耗时并使之实现自助服务，第4章介绍了特征存储服务的实现模式。

*数据可用性耗时*

与跨孤岛迁移数据的步骤相关联。数据用户花费 16% 的时间来迁移数据。该指标的现有值取决于连接到异构数据源、数据复制和验证以及适应数据源上发生的任何模式或配置更改的过程。为了最大限度地减少数据可用性耗时并使之实现自助服务，第5章介绍了数据迁移服务的实现模式。

*点击指标耗时*

与收集、管理和分析点击流数据事件的过程相关联。该指标的现有值取决于创建仪器信标（instrumentation beacon）、聚合事件、通过过滤丰富数据以及 ID 拼接的过程。为了最大限度地减少点击指标耗时并使之实现自助服务，第6章介绍了点击流服务的实现模式。

*数据湖管理耗时*

与管理中央存储库中的数据的步骤相关联。该指标的现有值取决于管理原始数据生命周期任务、确保数据更新的一致性，并将批处理数据和流数据一起管理的过程。为了最大限度地减少数据湖管理耗时并使之实现自助服务，第7章介绍了数据湖管理服务的实现模式。

*整理耗时*

与结构化、清理、丰富和验证数据的步骤相关联。该指标的现有值取决于确定数据集的数据整理需求、构建用于大规模整理数据的转换，以及操作监控正确性的过程。为了最大限度地减少整理耗时并使之实现自助服务，第8章介绍了数据整理服务的实现模式。

*合规耗时*

与确保数据权限合规的步骤相关联。该指标的现有值取决于跨应用程序孤岛跟踪用户数据、请求客户数据权限以及确保用例只使用客户同意的数据的过程。为了最大限度地减少合规耗时并使之实现自助服务，第9章介绍了数据权限治理服务的实现模式。

**虚拟化耗时**

与选择构建和分析数据的方法这一步骤相关联。该指标的现有值取决于编写访问存储在多语言数据存储中的数据的查询、跨数据存储关联数据的查询，以及在生产环境中处理查询的过程。为了最大限度地减少虚拟化耗时并使之实现自助服务，第10章介绍了数据虚拟化服务的实现模式。

**转换耗时**

与在数据和机器学习管道中实现转换逻辑的步骤相关联。转换可以是批处理的、近实时的或实时的。该指标的现有值取决于定义、执行和操作转换逻辑的过程。为了最大限度地减少转换耗时并使之实现自助服务，第11章介绍了数据转换服务的实现模式。

**训练耗时**

与训练机器学习模型的步骤相关联。该指标的现有值取决于编排训练、调整模型参数和对新数据样本进行持续重新训练的过程。为了最大限度地减少训练耗时并使之实现自助服务，第12章介绍了模型训练服务的实现模式。

**集成耗时**

与在机器学习管道中集成代码、数据和配置变更的步骤相关联。该指标的现有值取决于跟踪机器学习管道的迭代、创建可复制的包，以及验证管道变更的正确性的过程。为了最大限度地减少集成耗时并使之实现自助服务，第13章介绍了机器学习管道持续集成服务的实现模式。

**A/B 测试耗时**

与 A/B 测试的步骤相关联。该指标的现有值取决于设计在线实验、大规模执行（包括指标分析）和持续优化实验的过程。为了最大限度地减少 A/B 测试耗时并使之实现自助服务，第14章介绍了作为数据平台一部分的 A/B 测试服务的实现模式。

**优化耗时**

与优化查询和大数据处理程序的步骤相关联。该指标的现有值取决于聚合监控统计数据、分析监控数据并根据分析结果调用纠正措施的过程。为了最大限度地减少优化耗时并使之实现自助服务，第15章介绍了查询优化服务的实现模式。

**编排耗时**

与在生产环境中编排管道的步骤相关联。该指标的现有值取决于设计作业依赖关系、尽可能有效地利用硬件资源，以及监控它们的质量和可用性的过程，特别是对于

SLA 约束的生产管道。为了最大限度地减少编排耗时并使之实现自助服务，第 16 章介绍了管道编排服务的实现模式。

*部署耗时*

与在生产中部署洞察模型的步骤相关联。该指标的现有值取决于以模型终端的形式打包和扩展可用的洞察、监控模型漂移的过程。为了最大限度地减少部署耗时并使之实现自助服务，第 17 章介绍了模型部署服务的实现模式。

*洞察质量耗时*

与确保生成的洞察的正确性的步骤相关联。该指标的现有值取决于验证数据准确性、分析异常的数据属性以及主动防止低质量的数据记录污染数据湖的过程。为了最大限度地减少洞察质量耗时并使之实现自助服务，第 18 章介绍了质量可观测性服务的实现模式。

*优化成本耗时*

与最小化成本的步骤相关联，特别是在云端运行时。该指标的现有值取决于选择具有成本效益的云服务、配置和运营服务以及持续应用成本优化的过程。为了最大限度地减少优化成本耗时并使之实现自助服务，第 19 章介绍了成本管理服务的实现模式。

这种分析的最终结果是填充对应于数据平台当前状态的记分卡（见图 1-4）。每个指标都是根据与该指标相关的任务能否完成而用颜色编码的，顺序是小时、天或周。需要数周时间的指标通常代表目前使用手工、非标准脚本和程序临时执行的任务，或需要在数据用户和数据平台团队之间协调的任务。这类指标代表企业需要投资的机会，使相关任务成为数据用户的自助服务。

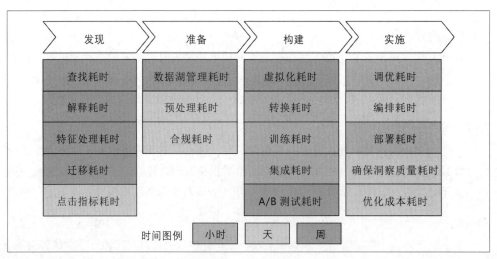

图 1-4：表示企业数据平台当前状态的记分卡

在不同企业中，与每个记分卡指标相关联的复杂性有所不同。例如，在一个只有少量数据集和数据团队成员的初创公司，如果仅仅依靠团队知识，即使这个过程是临时的，搜索耗时和解释耗时也只有几个小时。相反，考虑到可用数据的质量不高，大部分时间可能会花在数据整理或跟踪洞察质量上。此外，企业对数据平台中每个服务的相关要求也不尽相同。例如，一个企业每季度只部署一次离线训练的机器学习模型（而不是在线持续训练），即使需要数周时间，企业可能也不会优先考虑减少训练耗时。

# 1.3 建立数据自助服务路线图

如上一节所述，建立数据自助服务路线图的第一步是定义数据平台当前状态的记分卡。记分卡有助于筛选出目前减缓从原始数据到洞察提取这一过程的指标。记分卡中的每个指标都可以处于不同的自助服务级别，并根据其减缓整体洞察时间的程度，在路线图中优先考虑自动化。

如前所述，每一章都涵盖使相应的指标实现自助服务的设计模式。我们将自助服务视为具有多个级别，类似于自动驾驶汽车的不同级别，这些汽车在操作时所需的人工干预程度不同（如图 1-5 所示）。例如，2 级自动驾驶汽车在驾驶员的监督下自动加速、转向和刹车，而 5 级自动驾驶汽车则是完全自动化的，不需要人为监督。

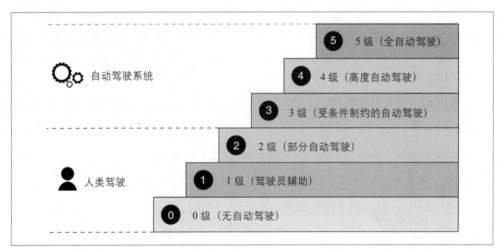

图 1-5：自动驾驶汽车的不同自动化程度（引用自 DZone（*https://oreil.ly/j6e6P*））

企业需要系统地规划路线图，以提高每个入围指标的自动化水平。每一章中的设计模式的组织方式类似于马斯洛的需求层次结构（*https://oreil.ly/74Rab*）：金字塔的底层表示要实现的起始模式，上面还有两个层次，每个层次都是在前一个层次的基础上发展起来的。如图 1-6 所示，整个金字塔代表自助服务。

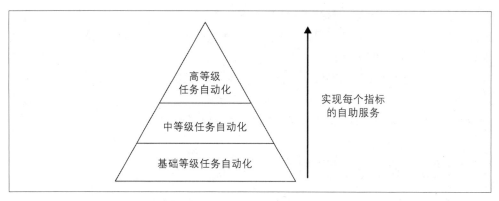

图 1-6：每一章都遵循马斯洛的需求层次结构

本书基于在多个企业中实现自助服务数据平台的经验，建议读者使用以下方法来执行自助服务路线图：

1. 定义当前的记分卡。

2. 根据对数据用户的调查，找出两个或三个最显著地减缓提取洞察过程的指标，并对当前任务的实现方式进行技术分析。注意，根据每个企业当前的流程、数据用户技能、技术组件、数据属性和用例要求，这些指标的重要性会各不相同。

3. 对于每一个指标，先从马斯洛的需求层次结构开始实施。每一章专门讨论一个指标，并涵盖自动化程度不断提高的模式。本书没有推荐那些在快节奏的大数据演进中很快就会过时的特定技术，而是侧重于实现模式，并提供了现有技术在本地以及云端的示例。

4. 遵循"爬－走－跑"的分阶段策略，重点是每个季度将入围指标翻倍，并使它们实现自助服务。

本书试图把数据用户和数据平台工程师的观点结合起来。就需求达成共识对于制定务实的路线图至关重要——在给定的时间框架和可用资源范围内什么是可能的，什么是可行的。

# 第一部分

# 数据发现自助服务

第 2 章

# 元数据目录服务

假设一个数据用户准备开发一个收入仪表盘。通过与数据分析师和科学家交谈，用户发现了一个包含客户账单记录相关细节的数据集。在这个数据集中，有一个称为"计费率"的属性。这个属性的意义是什么？它是事实的来源，还是从另一个数据集衍生而来的？他们还会遇到各种其他问题。比如：数据的模式是什么？谁负责管理这些数据？这些数据是如何转换的？数据质量的可靠性如何？数据什么时候刷新？等等。企业内部并不缺乏数据，但是如何使用数据来解决业务问题是当前的一大挑战。这是因为以仪表盘和机器学习模型的形式构建洞察需要对数据属性（称为元数据）有清晰的理解。在缺乏全面的元数据的情况下，人们可能对数据的意义及质量做出不准确的假设，从而产生不正确的洞察。

如何获取可靠的元数据是数据用户的痛点。在大数据时代之前，数据在被添加到中央仓库之前先经过整理——元数据的模式、沿袭、所有者、业务分类等详细信息首先被编目。这就是所谓的即写模式（schema-on-write），如图 2-1 所示。如今，使用数据湖的方法是首先聚合数据，然后在使用时推断数据细节。这就是所谓的即读模式（schema-on-read），如图 2-2 所示。因此，数据用户没有管理良好的元数据目录可以使用。复杂性的另一个维度是给定数据集的元数据是孤立的。例如，考虑存储在 MySQL 事务数据库中的销售数据集。为了在数据湖中获得这些数据，需要在 Spark 上编写 ETL 作业，并在 Airflow（一个开源的任务调度框架）上进行调度。转换后的数据交由 TensorFlow ML 模型使用。每个框架都有自己端到端元数据的局部视图。考虑到用于数据持久性、任务调度、查询处理、服务数据库、机器学习框架等的技术种类繁多，加之缺乏端到端元数据的单一规范化表示，因此数据用户使用这些数据变得更加困难。

理想情况下，数据用户应该拥有一个元数据目录服务，该服务提供跨多个系统和孤岛的端到端元数据层。该服务创建了单一数据仓库的抽象，并且是唯一的事实来源。此外，目录应该允许用户使用团队知识和业务上下文来丰富元数据。元数据目录还可以作为一个集中式服务,各种计算引擎可以使用它来访问不同的数据集。该服务的成功标准是减少数据的解释耗时。这样可以加快对合适数据集的识别速度,并消除由于对可用性和质量的错误假设而导致的不必要迭代,从而减少洞察的整体时间。

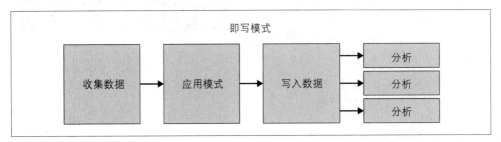

图 2-1:传统的即写模式方法,其中在将数据模式和其他元数据写入数据仓库之前首先生成元数据目录

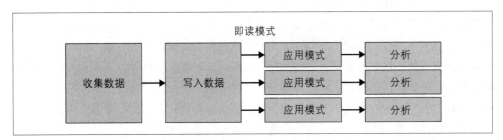

图 2-2:现代大数据方法,先聚合数据湖中的数据,然后在读取数据时推断数据模式和其他元数据属性

# 2.1 路线图

解释数据集的需求是数据科学家探索的起点。以下是元数据目录服务路线图中的主要日常场景。

## 2.1.1 理解数据集

作为构建新模型、检测新指标或进行即席分析的第一步,数据科学家需要理解数据的来源、使用方式、持久化方式等细节。通过理解数据细节,他们可以在开发洞察时做出明智的决策,筛选出正确的数据集做进一步分析。理解数据主要包括以下几个方面:

- 数据在逻辑上代表什么?属性的含义是什么?这些数据的事实来源是什么?

- 数据的所有者是谁?哪些人是主要数据用户?

- 使用什么查询引擎来访问数据？数据集是否支持版本化？

- 数据存储在哪里？数据副本存储在哪里，并且数据格式是什么样的？

- 这些数据的物理格式是什么，是否能被读取？

- 这些数据的最后修改时间是什么时候？是否分层存储？数据的历史版本存储在何地？是否能相信这些数据？

- 是否有相似的数据集（无论是整体数据集还是个别列，都有相似或相同的内容）？

元数据目录成为这些问题的唯一事实来源。

在部署一个模型或仪表盘时，需要主动监控相关的数据集问题，因为它们会影响洞察的正确性和可用性。元数据目录还存储数据集的运行健康状况，并用于对数据集模式的任何更改或已发现的任何其他团队已经使用过的错误进行影响分析。这些信息可以帮助快速调试数据管道中的中断环节，还可以对降低数据可用性而违反 SLA 的事件、在部署后出现数据质量问题以及其他操作问题进行告警。

## 2.1.2 分析数据集

有许多查询引擎可以用来分析数据集。数据科学家可以根据数据集的属性和查询类型，使用合适的工具来分析数据集。单个数据集可以使用多个查询引擎来交叉读取，如 Pig、Spark、Presto、Hive 等。例如，一个 Pig 脚本从 Hive 读取数据时，需要用 Pig 的方式来读取 Hive 列类型的表。同样，处理过程中可能需要将数据跨数据仓库迁移，在这个过程中，目的数据存储中的表使用目的表的数据类型。为了支持使用多个查询处理框架，需要将规范数据类型映射到各自的数据存储和查询引擎类型。

## 2.1.3 知识扩展

当数据科学家在项目中使用不同的数据集时，会发现有关业务词汇、数据质量等额外的细节，这些学习被称为团队知识。团队知识目标是通过丰富数据集的元数据目录细节，在数据用户之间积极分享团队知识。

# 2.2 最小化解释耗时

解释耗时代表数据科学家在建立洞察之前理解数据集细节所花费的时间。这是提取洞察的第一步，较长的解释耗时会影响整体的洞察时间。此外，对数据集的错误假设会导致在洞察开发过程中出现多次不必要的迭代，并且会降低洞察的整体质量。数据集的细节被划分为三部分：技术元数据、操作元数据和团队元数据。如图 2-3 所示。

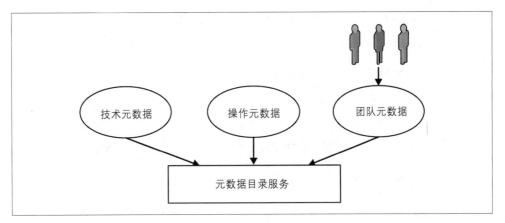

图 2-3：存储在元数据目录服务中的不同类别的信息

## 2.2.1 提取技术元数据

技术元数据包括数据集的逻辑元数据和物理元数据。物理元数据包括与物理布局和持久性相关的细节。例如，创建和修改时间戳、物理位置和格式、存储层级和保留细节。逻辑元数据包括数据集模式、数据源细节、生成数据集的过程，以及数据集的所有者和使用者。

技术元数据是通过抓取单个数据源来提取的，不一定要在多个数据源之间进行关联。收集技术元数据有三个关键挑战：

*格式不同*

    每个数据平台存储元数据的方式都不同。例如，Hadoop 分布式文件系统（HDFS）元数据是按照文件和目录的形式存储的，而 Kafka 的元数据是按照主题的形式存储的。创建一个适用于所有平台的统一标准化元数据模型并非易事。典型的策略是应用最小公分母，但这将导致抽象泄露。数据集按照不同的数据格式存储在诸多存储中，提取元数据需要不同的驱动程序来连接和提取不同的系统。

*模式推断*

    不是自描述的数据集是需要推断模式的。但是，数据集的模式难以提取，对于半结构化数据集，难以进行模式推断。没有通用的方法来实现对数据源的访问和生成 DDL（Data Definition Language，数据定义语言）。

*跟踪修改*

    元数据在不断变化。鉴于数据集的高流失率和不断增长的数量，保持元数据的更新是一个挑战。

## 2.2.2 提取操作元数据

操作元数据由以下两个关键部分组成。

*沿袭*

> 跟踪数据集是如何生成的，以及它对其他数据集的依赖关系。对于一个给定的数据集，沿袭包括所有依赖的输入表、派生表、输出模型和仪表盘。它包括实现转换逻辑以派生最终输出的作业。例如，如果作业 J 读取数据集 D1 并生成数据集 D2，那么 D1 的沿袭元数据包含 D2 作为其下游数据集之一，反之亦然。

*数据分析统计*

> 跟踪可用性和质量指标。它捕获数据集的列级和数据集全局特征，还包括捕获完成时间、处理的数据以及与管道相关的错误信息的执行统计。

操作元数据不是通过连接到数据源产生的，而是通过跨多个系统将元数据状态拼接在一起产生的。例如，在 Netflix 中，数据仓库由大量存储在 Amazon S3（通过 Hive）、Druid、ElasticSearch、Redshift、Snowflake 和 MySQL 中的数据集组成。查询引擎（即 Spark、Presto、Pig 和 Hive）用于使用、处理和生成数据集。

考虑到多种不同类型的数据库、调度器、查询引擎和商业智能（BI）工具，如何在不同的处理框架、数据平台和调度系统中弄清整体数据流和沿袭是一个挑战。鉴于处理框架的多样性，挑战在于将细节拼接在一起。从代码中推断沿袭并非易事，特别是对于 UDF、外部参数等。

复杂性的另一个方面是获得完整的数据沿袭。由于访问数据事件的日志数量可能非常大，因此传递闭包的大小可能也非常大。通常，要在沿袭关联的完整性和效率之间进行权衡，通过只处理日志中数据访问事件的抽样，并且只在几跳内实现下游和上游关系的具体化，而不是计算真正的传递闭包。

## 2.2.3 收集团队知识

团队知识是元数据的重要组成部分。随着数据科学团队的发展，将这些细节持久化地保存下来供他人利用至关重要。团队知识有 4 类：

- 用户以注释、文档和属性描述的形式定义元数据。这些信息是通过社区的参与和协作创建的，通过鼓励对话和对所有权的自豪感来创建一个自我维护的文档存储库。

- 业务分类规则或术语表，以业务直观的层次结构关联和组织数据对象和指标。此外，还有与数据集相关联的业务规则，如测试账户、策略账户等。

- 数据集在合规性、个人识别信息（PII）数据属性、数据加密要求等方面的状态。

- 机器学习增强元数据的形式，包括最常用的表、查询等，再加上检查源码，提取任何一条附带的注释。这些注释往往质量很高，其词法分析可以提供捕捉模式语义的短语。

在收集团队知识时，有三个比较大的挑战：

- 很难让数据用户轻松直观地分享团队知识。

- 元数据的形式是松散自由的，但是又必须进行验证以确保正确性。

- 信息的质量难以核实，特别是在信息相互矛盾的情况下。

# 2.3 定义需求

元数据目录服务能够提供元数据的一站式服务，并且该服务是事后的，即在各种管道创建或更新数据集之后收集元数据，而不影响数据集所有者或用户。元数据目录服务在后台以非侵入的方式收集有关数据集及其使用情况的元数据。与传统的企业数据管理（EDM）相比，事后方式（post-hoc）不需要对数据集进行前期管理。

该服务有两个接口：

- 一个 Web 门户，用于支持导航、搜索、沿袭可视化、注释、讨论和社区参与。

- 一个 API 终端，提供统一的 REST 接口，以访问各种数据存储的元数据。

构建目录服务需要三个关键模块：

*技术元数据提取器*
专注于连接数据源，提取与数据集相关的基本元数据。

*操作元数据提取器*
在数据转换中跨系统缝合元数据，创建一个端到端（E2E）视图。

*团队知识聚合器*
允许用户对数据集相关的信息进行注释，从而实现整个数据团队的知识扩展。

## 2.3.1 提取技术元数据的需求

需求的第一部分是了解提取技术元数据所需的技术清单。目标是确保使用合适的方式来提取元数据，并正确表示数据模型。所涉及的系统列表可以分为以下几类（如图 2-4 所示）：调度器（如 Airflow、Oozie 和 Azkaban）、查询引擎（如 Hive、Spark 和 Flink），以及关系型数据存储和 NoSQL 数据存储（如 Cassandra、Druid 和 MySQL）。

需求的另一部分是元数据的版本支持——跟踪元数据的版本与最新版本的差异。例如，包括跟踪特定列的元数据变化，或者跟踪表大小随时间变化的趋势。能够查询元数据在过去的某个时间点是什么样子，这不仅对于审计和调试很重要，对于重新处理和回滚用例也很有用。作为这个需求的一部分，了解需要持久化的历史记录数量，以及访问 API 来查询快照的历史记录很重要。

图 2-4：技术元数据的不同来源

## 2.3.2 操作技术元数据的需求

为了提取处理作业的数据沿袭信息，需要解析查询以提取源表和目标表。需求分析包括获取所有数据存储和查询引擎（包括流处理和批处理）的查询类型清单，包括 UDF。目标是找到支持这些查询的合适的查询解析器。

这些需求的另一部分与数据分析统计相关——监控、SLA 告警和异常跟踪。特别地，需要明确是否需要支持：a）数据集的可用性告警；b）作为数据质量指示的元数据的异常跟踪；c）管道执行的 SLA 告警。

## 2.3.3 团队知识聚合器的需求

对于这个模块，我们需要了解以下需求：

- 是否需要业务术语。

- 需要限制可以添加到团队知识中的用户类型，即限制访问控制和添加团队知识所需的审批流程。

- 需要验证规则或元数据检查。
- 需要使用沿袭来传播团队知识（例如，如果一个表列用细节进行了注释，那么该列的后续派生也将被注释）。

# 2.4 实现模式

与现有的任务图相对应，元数据目录服务的自动化有三个级别（如图 2-5 所示）。每个级别对应将目前手工或效率低下的任务组合自动化。

*特定源连接器模式*
  简化连接到不同数据源，并提取与数据相关的元数据信息的过程。

*沿袭关联模式*
  自动提取与源表和目标表相关的转换沿袭。

*团队知识模式*
  简化聚合业务上下文和数据用户之间的知识共享的过程。

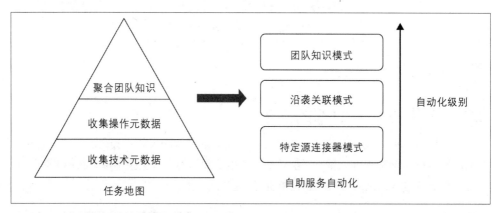

图 2-5：元数据目录服务的不同自动化级别

元数据目录服务正越来越多地作为数据平台的一部分来实现。流行的开源实现有 FINRA 的 Herd 项目（*https://oreil.ly/YRXV0*）、Uber 的 Databook 项目（*https://oreil.ly/VFXXO*）、LinkedIn 的 WhereHows 项目（*https://oreil.ly/MaSie*）和 DataHub 项目（*https://oreil.ly/oDsZg*）、Netflix 的 Metacat 项目（*https://oreil.ly/js2JN*）、Apache 的 Atlas 项目（*https://oreil.ly/Ge-1D*），以及 AWS Glue 项目（*https://oreil.ly/XbSXS*）等云服务项目。

## 2.4.1 特定源连接器模式

特定源连接器模式从源数据提取元数据，以聚合技术元数据。数据集使用基于 URN 的命名来识别。这个模式有两个构建模块：

*自定义提取器*

> 特定源连接器用于连接和持续获取元数据。自定义提取器需要适当的访问权限，以授权凭据连接到 RDBMS、Hive、GitHub 等数据存储。对于结构化数据集和半结构化数据集，提取工作需要理解描述数据逻辑结构和语义的模式。一旦提取器连接到源，它就会通过实现分类器收集细节，确定数据集的格式、模式和相关属性。

*联合持久性*

> 元数据细节以标准化的方式持久化，各个系统仍然是模式元数据（schema metadata）的事实来源，因此元数据目录在其存储中不会将其具体化。元数据目录只直接存储关于数据集的业务和用户定义的元数据，它还将数据集的所有信息发布到搜索服务中，以供用户发现。

特定源连接器模式的一个示例是 LinkedIn 的 WhereHows 项目。特定源连接器用于从源系统收集元数据。例如，对于 Hadoop 数据集，爬取任务扫描 HDFS 上的文件夹和文件，读取并聚合元数据，然后将其存储回去。对于 Azkaban 和 Oozie 等调度器，连接器使用后端存储库来获取元数据，将其聚合并转换为规范化格式，最后将其加载到 WhereHows 数据库中。类似的连接器也用于获取 Kafka 和 Samza 的元数据。图 2-6 显示了在 Netflix Metacat 目录服务中实现的模式的示例。

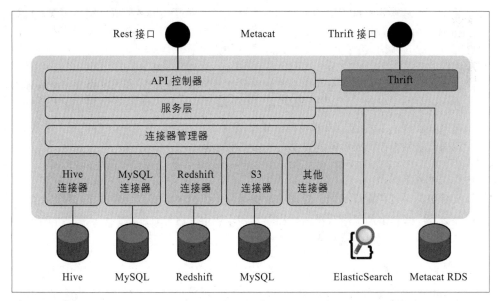

图 2-6：在 Netflix Metacat 中实现的特定源连接器模式（来自 Netflix 技术博客（*https://oreil.ly/Kov-O*））

特定源连接器模式的优点：

- 该模式详尽地聚合了多个系统的元数据，创建了一个单一仓库的抽象。
- 它将特定源的元数据规范化为一种通用格式。

特定源连接器模式的缺点：

- 难以与新的适配器保持同步。
- 在数百万个数据集的极端规模下，连接源并提取数据的事后方法是行不通的。

## 2.4.2 沿袭关联模式

沿袭关联模式将跨数据和作业的操作元数据组装在一起，并与执行状态结合。通过将作业执行记录与沿袭相结合，该模式可以用来解决一些问题，包括数据时效性、SLA、调整指定表的下游作业、基于使用情况对管道中的表进行排序等。

该模式包括以下三个构建块：

*查询解析*

通过分析即席查询或按预定的 ETL 运行的查询，可以完成对数据沿袭的跟踪。查询可以从作业调度器、数据存储日志、流式日志、GitHub 存储库等收集。查询解析的输出是输入表和输出表的列表，即由查询读取和写入的表。查询解析不是一次性的活动，而是需要根据查询的更新而不断更新。查询可以用多种语言编写实现，比如 Spark、Pig 和 Hive。

*管道关联*

一个数据或机器学习管道由多个数据转换作业组成。每个作业由一个或多个脚本组成，每个脚本包括一个或多个查询或执行步骤（如图 2-7 所示）。通过加入与每个查询关联的输入表和输出表来构建管道沿袭视图。这些信息是从接入框架、调度器、数据存储和查询引擎中特定系统的日志中提取的。

*用执行统计丰富沿袭*

执行统计（包括完成时间、处理的数据基数、执行中的错误、表的访问频率、表的计数等）都会添加到沿袭视图相应的表和作业中。这样，我们就可以将表和作业异常情况与整个管道的执行情况关联起来。

该模式的一个例子是 Apache Atlas，它可以在多个 Hadoop 生态系统组件（即 Sqoop、Hive、Kafka、Storm 等）中提取沿袭。给定一个 Hadoop 作业 ID，Atlas 从作业历史节点收集作业的配置查询，解析查询以生成源表和目标表。类似的方法也适用于 Sqoop 作业。除了表级沿袭之外，Atlas 还通过跟踪以下依赖类型来支持列级沿袭：

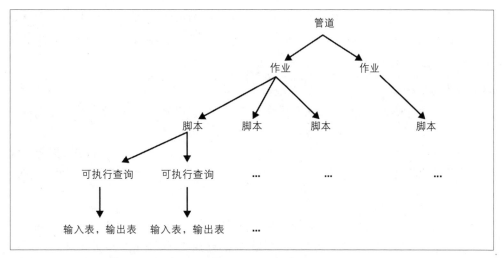

图 2-7：在数据或机器学习管道中生成数据转换作业的沿袭

*简单依赖*

输出列与输入列具有相同的值。

*表达式依赖*

输出列在运行时由某个表达式（例如，一个 Hive SQL 表达式）在输入列上进行转换。

*脚本依赖*

输出列由用户提供的脚本进行转换。

沿袭关联模式的优势在于它提供了一种非侵入的方法来重建依赖关系。缺点是对于查询类型来说，沿袭可能没有 100% 的覆盖率，而且是近似的。对于每天运行数百个管道并保证性能和质量 SLA 的部署来说，沿袭关联模式至关重要。

## 2.4.3 团队知识模式

团队知识模式侧重于数据用户定义的元数据，以丰富与数据集关联的信息。其目标是让数据用户分享经验，并帮助跨团队扩展知识。当数据集没有很好的记录、有多个事实来源、质量参差不齐，以及数据集的大部分数据不再被维护时，该模式尤其有价值。

团队知识有三种主要类型。

*数据文档*

这种类型包括属性含义、枚举和数据描述的细节。用户可以根据自己的经验使用自由形式的元数据来注释表列。此外，数据集所有者可以用描述注释数据集，以帮助用户找出哪些数据集适合他们（例如，在某些数据集中使用哪些分析技术，以及要注意哪些陷阱）。考虑到不同水平的专业知识，初级团队成员的注释将会在添加到目录之前得到验证。

*业务分类和标签*

这种类型包括在业务中使用概念作为分类法，根据业务领域和主题领域对数据进行分类。使用业务分类法组织数据集可以帮助数据用户找到感兴趣的主题。为了便于对表的数据生命周期进行管理，可以对表打上标签。数据集审计人员可以对包含敏感信息的数据集进行标记，并提醒数据集所有者或提示审查，以确保数据处理得当。

*可插拔式验证*

表的所有者可以将关于表的审计信息作为元数据对外提供。他们还可以提供列默认值和验证规则，用于写入表。其中，验证还包括用于开发数据的业务规则。

# 2.5 总结

在大数据时代，有大量的数据可用来产生洞察。为了成功地提取洞察，了解与数据相关的元数据至关重要：在哪里、什么、如何、何时、谁、为什么等。作为数据平台中必不可少的一环，元数据目录服务需要将这些信息集中起来作为单一的事实来源。

# 第 3 章

# 搜索服务

到目前为止，给定一个数据集，我们能够收集所需的元数据细节，以正确解释属性的特性和意义。那么，给定跨越企业孤岛中的数千个数据集，我们如何有效地定位开发洞察所需的属性呢？例如，在开发收入仪表盘时，我们如何定位现有客户、客户使用的产品、定价和促销、活动、使用概况等数据集？我们如何定位可以在构建仪表盘时重用的指标、仪表盘、模型、ETL 和即席查询等工件？本章的重点是在开发洞察的迭代过程中找到相关的数据集（表、视图、模式、文件、流和事件）和工件（指标、仪表盘、模型、ETL 和即席查询）。

搜索服务简化了数据集和工件的发现过程。通过搜索服务，数据用户可以使用关键字、搜索通配符、业务术语等表达他们要查找的内容。在底层，该服务完成了发现数据源、索引数据集和工件、对结果进行排序、确保访问治理和管理持续变更等烦琐工作。这样，数据用户可以获取一个与输入搜索查询最相关的数据集和工件的列表。此类服务的成功标准是降低搜索耗时。降低搜索耗时可以显著地减少洞察耗时，因为数据用户能够快速搜索，并迭代不同的数据集和工件。减缓搜索过程会对洞察的总体时间产生负面倍增效应。

## 3.1 路线图

查找数据集和工件的需求是数据科学家路线图的起点。本节讨论搜索服务中的关键场景。

### 3.1.1 确定业务问题的可行性

给定一个业务问题，发现阶段的第一步是确定有关数据集可用性的可行性。数据集可以处于以下一种可用性状态：

- 数据不存在，需要对应用程序进行检查。

- 源系统中有可用的数据，但没有聚合到数据湖中。

- 数据是可用的，并且已经被其他工件使用。

可行性分析能在项目初期评估所需的洞察耗时，对做好项目规划至关重要。在数据可用性方面发现的差距会被纳入数据收集阶段的需求。

## 3.1.2 为数据准备选择相关数据集

这是搜索服务的一个关键场景，其目标是筛选出一个或多个用于整个路线图下一阶段的数据集。为数据准备选择相关数据集是一个迭代的过程，包括使用关键词搜索数据集、对搜索结果进行抽样，以及选择对数据属性的含义和沿袭进行更深层次的分析。有了经过整理的高质量数据，这个场景更容易完成。通常，业务定义和描述没有更新，使得识别合适的数据集变得很困难。一个常见的场景是存在多个事实来源，一个给定的数据集可能存在于一个或多个具有不同意义的数据孤岛中。如果现有的工件已经在使用该数据集，则这就是数据集质量较高的一个体现。

## 3.1.3 重用现有的工件进行原型开发

这个阶段的目标不是从头开始，而是找到任何可以重用的构建模块。这些模块可能包括数据管道、仪表盘、模型、查询等。一些常见的场景通常会出现：

- 一个单一地理位置的仪表盘已经存在，可以通过参数化地理位置和其他输入来重用。

- 可以利用已固化的数据管道生成的标准化业务指标。

- 可以重用在 notebook 中共享的探索性查询。

# 3.2 最小化搜索耗时

搜索耗时是反复筛选相关数据集和工件所需的总时间。考虑到查找过程的复杂性，团队经常会重新发明轮子，导致组织内存在大量数据管道、仪表盘和模型的副本。这既浪费精力，又导致更长的洞察耗时。今天，搜索耗时分别花在本节讨论的三个活动上。搜索服务的目标是最大限度地减少在每个活动中花费的时间。

## 3.2.1 为数据集和工件建立索引

建立索引涉及两个任务：

- 定位数据集和工件的来源。

---

- 探索这些数据源，以聚合模式和元数据属性等细节。

这两个任务都很耗时。目前，跨孤岛定位数据集和工件需要通过即席查询来尝试。在获取有关数据集和工件的信息时，我们会用到备忘单、wiki、口传经验等，这些都是团队知识的表现形式。但是，团队知识是有针对性的，并不总是正确的或更新的。

探索其他元数据的来源（比如模式、沿袭和执行统计等）需要特定于源技术的 API 或命令行接口。无论底层技术如何，都无法标准化地提取这些信息。数据用户需要与数据源所有者和团队知识合作，以聚合列名、数据类型和其他细节的含义。类似地，理解数据管道代码等工件需要分析查询逻辑以及如何重用它。考虑到技术的多样性，很难在一个通用的、可搜索的模型中表示细节。

随着新的应用程序和工件的不断开发，建立索引是一个持续的过程。加之现有的数据集和工件也在不断发展，及时跟上变化并更新结果会耗费较多时间。

## 3.2.2 对结果排序

现在，一个典型的搜索排序过程是从手动搜索数据存储、目录、Git 仓库、仪表盘等开始的。搜索涉及在 Slack 群组中联系、通过 wiki 查找，或参加午餐研讨会以收集团队知识。由于以下现实情况，对下一阶段的分析结果进行排序会耗费很长时间：

- 表没有明确的名称或定义良好的模式。

- 表中的字段名称不恰当。

- 存在未被广泛使用或管理的低质量数据集和工件。

- 模式没有与业务的发展同步演进。

- 没有遵循模式设计的管理和最佳实践。一种常见的启发式方法（或者说捷径）就是只查看那些在各个用例中使用的、访问请求量大的流行数据资产。另外，新数据用户最好关注团队中已知数据专家的活动。

## 3.2.3 访问控制

访问控制需要考虑两个方面：

- 安全地连接到数据集和工件源。

- 限制对搜索结果的访问。

连接到数据源是非常耗时的，需要安全和风控团队对访问进行验证和授权。加密的源字段还需要对应的解密密钥。读请求权限可以限制允许访问的数据对象，比如选择表、视图和模式。

另一方面是将访问搜索结果的权限限制在可控范围内。限制搜索结果是在能够发现数据集或工件的存在与获得对安全属性的访问之间的平衡。

# 3.3 定义需求

搜索服务应该能够解答一些数据用户的问题。比如，是否有与主题 X 相关的数据集或工件？与 X 的匹配可以与名称、描述、元数据、标签、类别等相关。与主题 X 相关的数据集和工件以及相关的数据用户团队有哪些？与选中的数据集相关联的元数据（如沿袭、统计、创建日期等）的细节是什么？

建立搜索服务需要三个关键模块：

*索引模块*
  发现可用的数据集和工件，提取模式和元数据属性并将其添加到目录中。该模块需要跟踪更改并不断更新细节信息。

*排序模块*
  负责根据相关性和流行程度对搜索结果进行排序。

*访问控制模块*
  确保向数据用户显示的搜索结果符合访问控制策略。

## 3.3.1 索引模块需求

根据搜索服务索引的数据集和工件的类型，索引模块需求因部署要求而异。图 3-1 说明了数据集和工件的不同类别。需求收集包括收集这些类别的清单和已部署技术的列表。例如，以表和模式的形式存储的结构化数据可以采用多种技术（如 Oracle、SQL Server、MySQL 等）进行索引。

图 3-1 显示了搜索服务覆盖的实体，包括数据和工件。数据集涵盖结构化数据、半结构化数据和非结构化数据。半结构化 NoSQL 数据集可以是键 – 值存储、文档存储、图形数据库、时间序列存储等。工件包括生成的洞察和方法，如 ETL、notebook、即席查询、数据管道和 GitHub 仓库，它们都可能被重用。

另一部分需求是随着数据集和工件的不断发展而更新索引。根据更新在搜索服务中的反映方式来定义需求很重要：

- 确定索引需要以多快的速度更新用以反映变化，即确定可接受的刷新延迟。

- 跨版本和历史分区定义索引，即定义搜索范围是否仅限于当前分区。

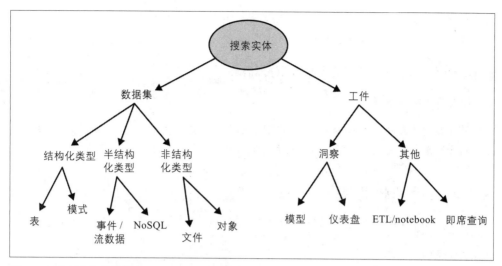

图 3-1: 搜索服务覆盖的数据集和工件的类别

## 3.3.2 排序需求

排序是相关性和流行度的权衡结果。相关性基于名称、描述和元数据属性的匹配。作为需求的一部分,我们可以定义与部署最相关的元数据属性列表。表 3-1 表示元数据属性的规范化模型。可以根据数据用户的需求定制元数据模型。

表 3-1: 与数据集和工件关联的元数据的类别

| 元数据类别 | 示例属性 |
|---|---|
| 基础类型 | 文件大小、格式、最近更新日期、别名、访问控制表 |
| 基于上下文的类型 | 模式、记录数量、数据指纹、关键字段 |
| 沿袭类型 | 读取任务、写入任务、下游数据集、上游数据集 |
| 用户自定义类型 | 标签、类别 |
| 人群类型 | 所有者、团队访问、团队更新 |
| 临时类型 | 更新历史 |

除了规范化元数据属性外,我们还可以捕获特定技术的元数据。例如,对于 Apache HBase, hbase_namespace 和 hbase_column_families 是特定技术的元数据的例子。这些属性可用于进一步搜索和筛选结果。

## 3.3.3 访问控制需求

搜索结果的访问控制策略可以根据用户的具体信息、数据属性的具体信息或两者来定义。特定于用户的策略称为基于角色的访问控制(RBAC),而特定于属性的策略称为基于属性的访问控制（ABAC）。例如，限制特定用户组的可见性是 RBAC 策略，为数据标记或 PII 定义的策略是 ABAC 策略。

除了访问策略外，可能还需要其他特殊处理需求：

- 屏蔽行或列的值。
- 时间变化策略，即数据集和工件在特定的时间戳之前是不可见的（例如，季度结果的表格在正式宣布结果的日期之前是不可见的）。

## 3.3.4 非功能性需求

以下是在设计搜索服务时应该考虑的一些关键非功能性需求（NFR）：

*搜索响应时间*
让搜索服务以秒为单位响应搜索查询很重要。

*支持大型索引的扩展性*
随着企业的发展，搜索服务需要扩展到支持数千个数据集和工件。

*易于使用新的数据源*
应简化数据源所有者将其数据源添加到搜索服务的过程。

*自动监控和告警*
服务的运行状况应该易于监控。生产过程中的任何问题都应该自动生成告警。

# 3.4 实现模式

与现有的任务图相对应，搜索服务的自动化有三个级别（如图 3-2 所示）。每个级别都对应于将目前手工或效率低下的任务组合自动化。

*推拉式索引器模式*
发现并不断更新可用的数据集和工件。

*混合搜索排序模式*
对结果进行排序，以帮助数据用户找到最相关的数据集和工件，从而满足数据项目的需求。

*目录访问控制模式*
根据数据用户的角色和其他属性，限制对搜索服务中可见的数据集和工件的访问。

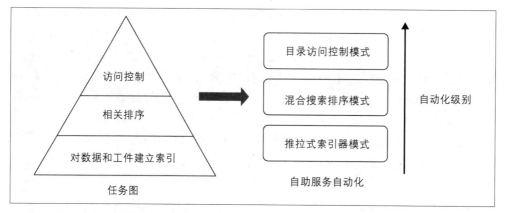

图 3-2：搜索服务的不同自动化级别

# 3.4.1 推拉式索引器模式

推拉式索引器模式用于在企业的各个孤岛中发现并更新可用的数据集和工件。索引器的拉取功能会发现源，提取数据集和工件，并将它们添加到目录中。这类似于搜索引擎在互联网上抓取网站，并抽取出相关的网页。推送功能与跟踪数据集和工件中的更改有关。在这种模式中，数据源生成更新事件，这些事件被推送到目录中以更新现有的详细信息。

推拉式索引器模式包含以下几个阶段（如图 3-3 所示）。

*1. 连接阶段*

索引器连接到可用的数据源，例如数据库、目录、模型和仪表盘仓库等。这些数据源信息可以手动添加，也可以自动发现。自动发现数据源有几种方法：扫描网络（类似于漏洞分析中使用的方法）、使用云账户 API 发现账户内部署的服务等。

*2. 提取阶段*

下一个阶段是提取细节信息，比如所发现数据集和工件的名称、描述，以及其他元数据。对于数据集，索引器向目录提供源凭证来提取细节信息（如第 2 章所述）。目前没有直接的方法来提取所有工件的细节信息。对于 notebook、数据管道代码和其他持久化在 Git 仓库中的文件，索引器会查找元数据头，比如文件开头的少量结构化元数据（包括作者、标签和简短描述）。这对于 notebook 工件特别有用，因为从查询到转换、可视化和记录，整个内容都包含在一个文件中。

*3. 更新阶段*

数据源将更新发布到事件总线上的数据集和工件。这些事件用于对目录进行更新。例如，当一个表被删除时，目录订阅这个推送通知并删除记录。

现在我们看一个工件仓库示例：Airbnb 的开源项目 Knowledge Repo（*https://oreil.ly/hKl8e*）。该项目的核心部分有一个 GitHub 仓库，notebook、查询文件和脚本都被提交到这个仓库中。每个文件开始时都有少量结构化元数据，包括作者、标记和内容的简短总结。一个 Python 脚本会用来验证内容，并使用 Markdown 语法将 post 请求转换为纯文本。GitHub 的拉取请求用于查看标题内容，并根据时间、主题或内容对标题进行组织。为了防止混入低质量的数据，可以引进同行评审检查（类似于代码评审），这样可以改进方法、借鉴其他的工作并保证数据的精确性。此外，每个 post 都有一组元数据标签，提供多对一的主题继承（超出了文件的文件夹位置）。用户可以订阅主题并得到更新通知。

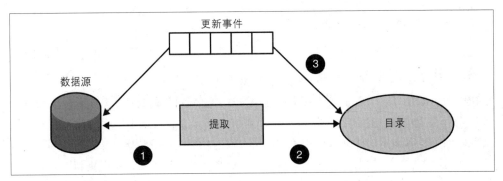

图 3-3：推拉式索引器模式的连接、提取和更新阶段

推拉式索引器模式一个示例是 Netflix 的开源项目 Metacat catalog（*https://oreil.ly/js2JN*），它能够索引数据集。Metacat 使用一个拉取模型来提取数据集的细节信息，使用一个推送通知模型以便数据源将它们的更新发布到 Kafka 等事件总线上。源数据还可以调用显式的 REST API 来发布更改事件。在 Metacat 中，更改也被发布到 Amazon SNS 中。向 SNS 发布事件可以让数据平台中的其他系统对这些元数据或数据更改做出相应的"反应"。例如，当删除表时，垃圾收集服务可以订阅事件并适当地清理数据。

推拉式索引器模式的优点：

• 索引更新及时。定期爬取新的数据源，并将更改事件推送到事件总线上进行处理。

• 它是一种可扩展的模式，用于提取和更新不同类别的元数据属性。

• 考虑到推拉方法的组合，它具备支持大量数据源的可扩展性。

推拉式索引器模式的缺点：

• 针对不同类型数据源的配置和部署可能会有挑战。

• 要通过拉取方式访问详细信息需要源代码权限，这可能会受到源代码的权限限制。

推拉式索引器模式是实现索引的高级方法（与推模式相比）。为了确保找到数据源，加载过程应该包括将数据源添加到拉取目标的列表，以及创建一组公共访问凭证。

## 3.4.2 混合搜索排序模式

给定一个字符串输入，排序模式会生成一个数据集和工件的列表。字符串可以是表名、业务术语表概念、分类标签等。这类似于搜索引擎用于生成相关结果的页面排名。该模式的成功标准是最相关的结果排在前 5 名。搜索排序的有效性对于减少洞察耗时至关重要。例如，如果相关结果在首页的前三名，而不是在后面几页，用户就不会浪费时间去检查和分析不相关的结果。混合搜索排序模式实现了相关性和流行度的结合，以找到最相关的数据集和工件。

该模式有三个阶段（如图 3-4 所示）：

*1. 解析阶段*

搜索从一个输入字符串开始，通常使用简单的短语。除了搜索之外，还可以通过多个条件来过滤结果。该服务由用于文档检索的传统倒排索引提供支持，其中每个数据集和工件都被构建成一个文档，其中包含基于元数据派生的索引令牌。每一类元数据都可以与索引的特定部分相关联。例如，从数据集的创建者派生的元数据与索引的"创建者"部分相关联。因此，搜索 creator:x 将只匹配数据集 creator 上的关键字 x，而非限定的 atom x 将匹配数据集元数据中任何部分的关键字。解析过程的另一个起点是浏览流行的表和工件列表，并找到与业务问题最相关的表和工件。

*2. 排序阶段*

结果排序是相关性和流行度的结合。相关性是基于输入文本与表名、列名、表描述、元数据属性等的模糊匹配。基于流行度的匹配是基于活跃度——即查询次数较多的数据集和工件在列表中靠前的位置显示，而查询次数较少的数据集和工件在搜索结果中靠后的位置显示。一个理想的结果是既流行又相关的结果。还有其他几个启发式方法需要考虑，例如，新创建的数据集在相关性上有更高的权重（因为它们还不流行）。另一种启发式方法是基于质量指标进行排序，例如报告的问题数量，以及数据集是否作为强化数据管道的一部分而不是临时流程生成。

*3. 反馈阶段*

需要根据反馈调整相关性和流行度之间的权重。搜索排序的有效性可以通过显性或隐性的方式来度量：显性的方式是对展示的结果进行"大拇指向上 / 向下"的评分，隐性的方式是前 5 个结果的点击率（CTR）。这将微调权重和相关匹配的模糊匹配逻辑。

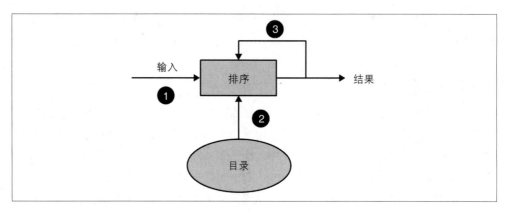

图 3-4：混合搜索排序模式的各个阶段

混合搜索排序模式的一个示例是开源项目 Amundsen（*https://oreil.ly/BzyoZ*）。Amundsen 对数据集和工件建立索引。输入解析实现了类型前置能力，以提高匹配的精确度。输入字符串支持通配符以及关键字、类别、业务术语表等。可以使用不同类型的过滤器进一步缩小输入范围，例如：

- 按类别搜索，如数据集、数据表、数据流、标签等。
- 根据 `keyword:value` 进行过滤，例如 `column:users` 或 `column_description:channels`。

Amundsen 通过实现一个薄的 Elasticsearch 代理层来与目录交互，从而实现模糊搜索。元数据被持久化在 Neo4j 中，它使用数据接入库来构建索引。搜索结果显示的是内联元数据的一个子集——表的描述，以及表最后更新的日期。

评分通常会很困难，需要根据用户的体验调整评分函数。以下是 Google 的数据集搜索服务（*https://oreil.ly/V2BEZ*）在评分函数中使用的一些启发式方法：

*数据集的重要性取决于它的类型*

在其他条件相同的情况下，评分函数更倾向于结构化表而不是文件数据集。假设数据集所有者必须显式地将数据集注册为表，从而使数据集对更多用户可见，这个动作可以体现数据集的重要程度。

*关键字匹配的重要性取决于索引部分*

例如，在其他条件相同的情况下，数据集路径上的关键字匹配，要比读写数据集的作业上的匹配更重要。

*沿袭扇出是数据集重要性的一个很好的指标，表明了流行度*

具体来说，这个启发式方法倾向于具有许多读取作业和下游数据集的数据集。如果许多生产管道访问某数据集，那么该数据集很可能是重要的。我们可以将这种启发式方法看作图中的 PageRank 近似实现，其中数据集和生产作业是顶点，边表示作业对数据集的访问。

*带有所有者来源描述的数据集很可能是重要的*

我们的用户界面使数据集所有者能够为他们希望其他团队使用的数据集提供描述。这种描述能够体现数据集的重要性。如果一个数据集的描述中出现关键字匹配，那么这个数据集的权重也会提高。

混合搜索排序模式的优点：

- 它平衡了相关性和流行度，让数据用户可以快速筛选出最相关的数据。

- 尽管在第一天就需要为相关性匹配添加大量元数据，但这不会成为瓶颈。当该模式更多地使用基于流行度来排序时，可以增量地对元数据进行索引。

混合搜索排序模式的缺点：

- 它并不能取代对整理数据集的需求。该模式依赖于与业务细节同步的元数据细节的准确性。

- 很难在流行度和相关性之间取得适当的平衡。

混合搜索排序模式提供了两全其美的方法。对于有大量元数据的数据集和工件，它利用相关性进行匹配。对于没有得到很好整理的数据资产，它利用流行度进行匹配。

# 3.4.3 目录访问控制模式

搜索服务的目标是让数据用户轻松发现数据集和工件。但同样重要的是要确保不违反访问控制策略。显示给不同用户的搜索结果可以排除选定的数据集，或者在元数据细节的级别上有所不同。这种模式在元数据目录处实施访问控制，并为细粒度授权和访问控制提供了一种集中的方法。

目录访问控制模式有三个阶段：

*分类*

在该阶段对用户、数据集和工件进行分类。根据用户的角色将用户分成不同的组：数据管理员、财务用户、数据质量管理员、数据科学家、数据工程师、管理员等。角色定义了在搜索过程中可见的数据集和工件。类似地，数据集和工件使用用户定义的标签进行注释，例如财务、PII 等。

*定义*

策略定义了针对特定数据集或工件向特定用户显示的搜索细节的级别。例如，与财务结果相关的表可以限制为财务用户。类似地，数据质量用户可以查看高级元数据并更改日志历史记录。策略定义分为 RBAC 和 ABAC。RBAC 是基于用户定义策略，ABAC 是根据用户定义的标签、基于 IP 地址的地理标签、基于时间的标签等属性定义策略。

*执行*

通常，有三种方法可以在搜索结果中执行访问控制策略。

- 每个人的基本元数据：针对搜索查询，结果向每个人显示基本元数据（如名称、描述、所有者、更新日期、用户自定义标签等），无论他们是否有访问权限。这样做的原因是通过显示存在的数据集和工件来确保用户的工作效率。如果数据集符合要求，用户就可以请求访问。

- 选择性的高级元数据：特定的用户可以根据访问控制策略来获得高级元数据，如列统计信息和数据预览。

- 屏蔽列和行：基于访问控制，同一个数据集在数据预览中将展示不同的列数和行数。对目录的更新将自动传播到访问控制，例如，如果一列被标记为敏感信息，搜索结果将自动开始反映在数据预览中。

用于细粒度授权和访问控制的流行开源解决方案的一个示例是开源项目 Apache Ranger（*https://oreil.ly/R2Op6*），它提供了一个集中的框架，为 Atlas 目录和所有 Hadoop 生态系统实现安全策略。它支持基于单个用户、组、访问类型、用户定义的标签、IP 地址等动态标签的 RBAC 和 ABAC 策略（如图 3-5 所示）。Apache Ranger 的策略模型得到了增强，支持行过滤和数据屏蔽特性，这样用户就只能访问表中的行子集，或者访问经过敏感数据屏蔽 / 修订的值。Ranger 的策略有效期可以将策略配置为在指定的时间范围内有效，例如，在收益发布日前限制对敏感财务信息的访问。

目录访问控制模式的优点：

- 如果目录级别上有集中的访问控制策略，则很容易进行管理。
- 它提供基于不同用户和用例的可配置访问控制。

目录访问控制模式的缺点：

- 目录访问控制策略可能与数据源策略不同步。例如，数据用户可以根据目录策略访问元数据，但不能根据后端源策略访问实际数据集。

目录访问模式是平衡可发现性和访问控制的必备工具，它具有很强的灵活性，既可以采用简单的启发式方法，也支持复杂的细粒度授权以及屏蔽。

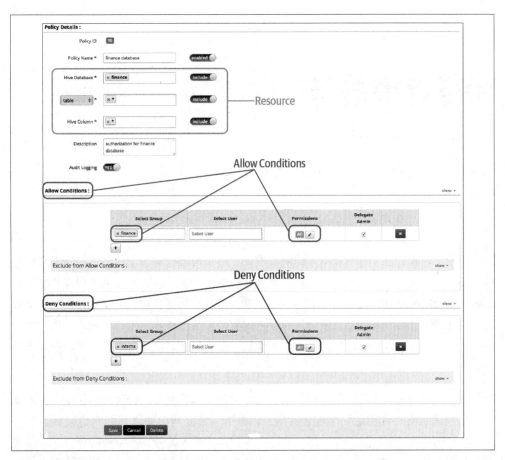

图 3-5：在 Apache Ranger 中提供的中央访问控制策略的详细信息（来自 Ranger wiki（*https://oreil.ly/6e7Jl*））

# 3.5 总结

在现实世界的部署中，你会碰到未经整理的或者孤立的数据集和工件，它们缺乏定义良好的属性名称和描述，通常与业务定义不同步。搜索服务可以自动完成将相关数据集和工件列入清单的过程，极大地简化了发现阶段的工作。

# 第 4 章

# 特征存储服务

到目前为止，我们已经为生成所需的洞察发现了可用的数据集和工件。在机器学习模型中，还有一个额外的步骤是发现特征。例如，一个需要训练的收入预测模型需要以前按市场、产品线等划分的收入数值作为输入。特征是一种数据属性，可以直接提取，也可以从数据源通过计算来获得。例如，一个人的年龄、从传感器发出的坐标、一段文字中的一个词，或者过去一小时内的平均购买次数。在机器学习模型中使用某个特征时需要数据属性的历史值。

数据科学家花费了大量的时间为机器学习模型创建训练数据集。构建数据管道来生成训练以及推理所需的特征是一个重要的痛点。首先，数据科学家必须编写访问数据存储的低级代码，这需要数据工程技能。其次，生成这些特征的管道有多种实现方式，这些实现并不总是一致的，比如，训练和推理的数据管道是独立的。最后，管道代码在不同机器学习项目中是重复的，而且不能重用，因为它是作为模型实现的一部分嵌入的。最后，没有变更管理或特征治理。这些方面影响了整体的洞察耗时。关键是数据用户通常缺乏工程技能来开发健壮的数据管道，并在生产中监控这些管道。另外，特征管道是反复从头开始构建的，而不是在机器学习项目之间共享。构建机器学习模型的过程是迭代的，需要对不同的特征组合进行探索。

理想情况下，特征存储服务应该为机器学习模型的训练和推理提供有据可查、有管理、有版本、有整理的特征（如图 4-1 所示）。数据用户可以通过最小的数据工程来搜索和使用特征以构建模型。用于训练和推理的特征管道在实现上是一致的。此外，在不同机器学习项目中缓存和重用特征可以减少训练时间和基础设施成本。该服务成功与否的指标是特征处理耗时。随着特征越来越丰富，通过在此基础上构建特征存储服务可以以更快的速度、更低的成本来构建新模型。

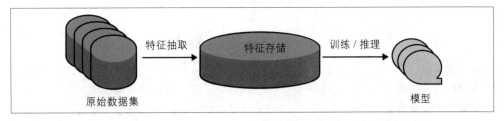

图 4-1：特征存储作为特征的存储仓库，用于多个数据项目中模型的训练和推理

# 4.1 路线图

开发和管理特征是开发机器学习模型的关键步骤。通常，数据项目会共享一组公共特征，允许重复使用相同的特征。随着复用特征数量的增加，会降低新数据项目实现的成本（如图 4-2 所示）。在不同的项目中，特征有较多的重叠。本节讨论特征存储服务中的关键场景。

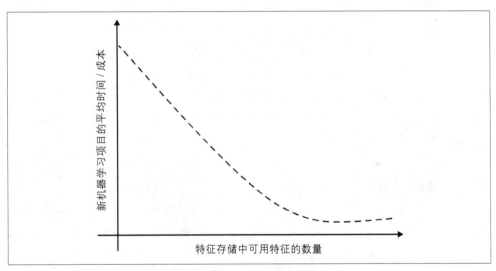

图 4-2：随着特征存储中可用特征的增加，新数据项目所需的时间和成本会减少

## 4.1.1 发现可用特征

作为探索阶段的一部分，数据科学家搜索可用于构建机器学习模型的可用特征。这个阶段的目标是重用特征并降低构建模型的成本。这个过程包括分析可用特征是否具有良好的质量，以及它们的使用方法。由于缺乏集中的特征库，所以数据科学家经常跳过搜索阶段，而开发一些临时的训练管道，这些管道随着时间的推移变得越来越复杂。随着模型数量的增加，很快就变成了难以管理的管道丛林。

### 4.1.2 训练集生成

在模型训练过程中，需要由一个或多个特征组成的数据集来训练模型。训练集包含这些特征的历史值，并与预测标签一起生成。我们通过编写查询语句来准备训练集，这些查询语句从数据集源中提取数据，并对特征的历史数据值进行转换、清洗和生成。开发训练集往往要花费大量的时间。同时，特征集需要不断地更新新值（这个过程称为回填）。有了特征存储，在构建模型的过程中就可以获得特征的训练数据集。

### 4.1.3 用于在线推理的特征管道

对于模型推理，特征值作为模型的输入，然后由模型生成预测输出。在推理过程中，生成特征的管道逻辑必须与训练过程中使用的逻辑相匹配，否则模型的预测将是错误的。除了管道逻辑之外，在线模型中生成用于推理的特征时延迟也要尽量小。当前，嵌入在机器学习管道中的特征管道不方便重用。此外，训练管道逻辑的变化可能无法与相应的模型推理管道保持一致。

## 4.2 最小化特征处理耗时

特征处理耗时包括创建和管理特征所花费的时间。现在，花费的时间大致分为两类：特征计算和特征服务。特征计算涉及用于生成训练和推理特征的数据管道。特征服务的重点是在训练过程中为大量数据集提供服务，为模型推理提供低延迟的特征值，并使数据用户能够方便地跨特征搜索和协作。

### 4.2.1 特征计算

特征计算是将原始数据转化为特征的过程。这涉及构建数据管道，用于生成特征的历史训练值以及用于模型推理的当前特征值。训练数据集需要不断地用更新的样本进行回填。特征计算有两个关键的挑战。

首先，管理管道丛林的复杂性。管道从源数据存储中提取数据并将其转换为特征。这些管道有多个转换，需要处理生产中出现的紧急情况，在大规模生产中管理这些管道是一场噩梦。同时，特征数据样本的数量也在不断增长，特别是对于深度学习模型而言，在大规模生产中管理大型数据集需要分布式编程来优化扩展性和性能。总的来说，构建和管理数据管道通常是模型创建中最耗时的部分之一。

其次，为特定的特征编写单独的管道来训练和推理。这是因为有不同的时效要求，模型训练通常是面向批处理的，而模型推理是流式的，要求近实时的延迟。训练和推理管道计算中的差异是导致模型准确率问题的关键原因，也是在大规模生产中进行调试的噩梦。

## 4.2.2 特征服务

特征服务包括为训练提供大量特征值，以及为推理提供较低的延迟。它要求特征易于发现，并易于与其他现有特征进行比较和分析。在典型的大规模部署场景下，特征服务需要支持数千个模型推理。其中关键挑战是性能扩展，因为在原型开发过程中，数据用户要在数百种模型排列中进行快速探索，避免探索重复的特征也是关键挑战之一。

一个常见的问题是，模型在训练数据集上表现良好，但在生产中表现不佳。虽然这可能有多种原因，但关键问题是标签泄露（label leakage）。标签泄露是由于为模型特征提供了不正确的时间点值。找到正确的特征值很棘手，为了说明这一点，Zanoyan 等人（*https://oreil.ly/casp-*）以图 4-3 为例展示了训练中选择的特征值，用于在 T1 时刻进行预测。图中有三个特征显示：F1、F2、F3。对于预测 P1，需要分别为训练特征 F1、F2、F3 选择特征值 7、3、8。相反，如果使用预测后的特征值（如 F1 的值 4），由于该值代表了预测的潜在结果，在训练时错误地表示了高相关性，因此会出现特征泄露。

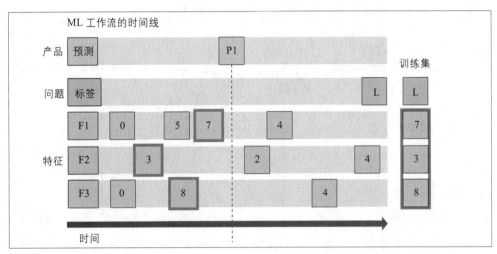

图 4-3：在预测 P1 的训练过程中，为特征 F1、F2、F3 选择正确的时间点值。实际结果标签 L 用于训练监督机器学习模型

# 4.3 定义需求

特征存储服务是特征的集中存储仓库，既可以提供特征在数周或数月等长时间内的历史值，也可以提供几分钟内的近实时特征值。特征存储的需求分为特征计算和特征服务两部分。

## 4.3.1 特征计算

特征计算需要与数据湖和其他数据源进行深度集成。特征计算管道需要考虑三个维度。

首先，考虑要支持的不同类型的特征。特征可以与单个数据属性关联，也可以是复合聚合而成。此外，相对于标称时间，特征可以是相对静态的，而不是连续变化的。计算特征通常需要特征存储支持多个基本函数，类似于数据用户目前使用的功能，例如：

- 将分类数据转换为数值数据。

- 将来自不同分布特征的数据归一化。

- 独热编码或特征二值化。

- 特征分级（例如，将连续特征转换为离散特征）。

- 特征哈希（例如，减少独热编码特征的内存占用）。

- 计算聚合特征（例如，计数、最小值、最大值和标准差）。

其次，考虑特征工程需要支持的编程库。在处理大规模数据集的用户中，Spark 是数据整理的首选。处理小型数据集的用户更喜欢使用 NumPy 和 pandas 等框架。特征工程作业使用 notebook、Python 文件或 .jar 文件构建，并在 Samza、Spark、Flink 和 Beam 等计算框架上运行。

最后，考虑保存特征数据的数据存储系统。存储系统可以是关系型数据库、NoSQL 数据存储、流计算平台以及文件和对象存储。

## 4.3.2 特征服务

特征存储需要支持强大的协作能力，特征的定义和生成应该可以跨团队共享。

### 特征组

特征存储有两个接口：向存储写入特征，以及在训练和推理时读取特征。特征通常被写入文件或特定项目数据库。基于同一个处理作业计算的特征或来自同一原始数据集的特征可以进一步分组。例如，对于 Uber 汽车共享服务，一个地理区域的所有行程相关特征都可以作为一个特征组来管理，因为它们都可以由一个扫描行程历史的作业来计算。特征可以与标签关联（在监督学习的情况下），并被具体化为一个训练数据集。特性组通常共享一个公共列（例如时间戳或客户 ID），这样能够将特征组加入一个训练数据集中。特征存储创建并管理训练数据集，并将其持久化为 TFRecords、Parquet、CSV、TSV、HDF5 或 .npy 文件。

### 性能扩展

关于性能扩展，需要考虑以下因素：

- 特征存储中支持的特征数量。

- 调用特征存储进行在线推理的模型数量。

- 用于日常离线推理和训练的模型数量。

- 训练数据集中包含的历史数据量。

- 生成新样本时回填特征数据集的每日管道数。

此外，在线模型推理还有特定的性能扩展要求，例如，计算特征值的 TP99 延时值。对于在线训练，要考虑回填训练集的时间和数据库模式突变。通常，历史特征需要少于 12 小时，而近实时特征值需要少于 5 分钟。

**特征分析**

特征应该是可搜索的和易于理解的，以确保它们在机器学习项目中被重用。数据用户需要能够识别转换以及分析特征，发现异常值、分布漂移和特征相关性。

# 4.3.3 非功能性需求

以下是在设计特征存储服务时应该考虑的一些关键非功能性需求：

*自动监控和告警*
  服务的运行状况应该易于监控。生产过程中的任何问题都应该产生自动告警。

*响应时间*
  服务应该在毫秒级响应特征搜索查询请求，这一点很重要。

*直观的界面*
  为了使特征存储服务高效，需要所有跨组织的数据用户都采用它。因此，拥有易于使用和理解的 API、命令行界面和 Web 门户非常重要。

# 4.4 实现模式

与现有的任务图相对应，特征存储服务的自动化有三个级别（如图 4-4 所示）。每个级别都对应将目前手工或效率低下的任务组合自动化。

*混合特征计算模式*
  将批处理和流处理组合用于计算特征的模式。

*特征注册模式*
  用于训练和推理的特征的模式。

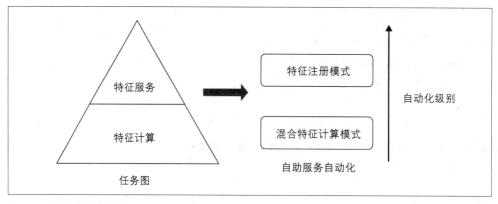

**图 4-4：特征存储服务的不同自动化级别**

特征存储服务越来越流行，开源的特征存储服务有 Uber 的 Michelangelo（*https://oreil.ly/56ukj*）、Airbnb 的 Zipline（*https://oreil.ly/cKwoi*）、Gojek 的 Feast（*https://oreil.ly/foWgT*）、Comcast 的 Applied AI（*https://oreil.ly/pw9it*）、Logical Clock 的 Hopsworks（*https://oreil.ly/EMeHg*）、Netflix 的 Fact Store（*https://oreil.ly/aiIZJ*）和 Pinterest 的 Galaxy（*https://oreil.ly/sFSeL*）。你可以在 featurestore.org 上找到特征存储的完整开源项目列表。从体系结构的角度来看，每个项目都有两个关键的功能模块：特征计算和特征服务。

## 4.4.1 混合特征计算模式

特征计算模块必须支持两组机器学习场景：

- 离线训练和推断，以小时为频率计算批量历史数据。

- 在线训练和推断，以分钟为频率计算一次特征值。

在混合特征计算模式中，有三个功能模块（如图 4-5 所示）：

*批处理计算管道*

传统的批处理作为 ETL 作业，每隔几个小时运行一次或每天运行一次，以计算历史特征值。该管道经过优化，可以在大时间窗口上运行。

*流式计算管道*

在实时消息总线上对数据事件进行流式分析，以低延迟计算特征值。特征值被回填到批处理管道的大量历史数据中。

*特征规范*

为了确保一致性，数据用户不需要为新特征创建管道，而是使用特定领域的语言

（DSL）定义一个特征规范。该规范指定了数据源和依赖关系，以及生成特征所需的转换。该规范会自动转换为批处理管道和流式管道，这确保了用于训练和推理的管道代码的一致性，并且无须用户参与。

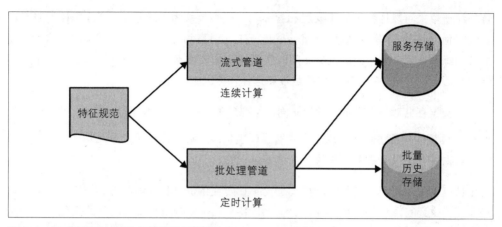

**图 4-5：混合特征计算模式中的并行管道**

混合特征计算模式的一个示例是 Uber 的 Michelangelo（*https://oreil.ly/56ukj*），它集成了 Apache Spark 和 Samza 两个框架。它使用 Spark 计算批处理特征，并将结果持久化到 Hive 中。批处理作业计算特征组，并以每列一个特征的形式写到一个 Hive 表中。例如，Uber Eats（Uber 的送餐服务）使用批处理管道来处理餐厅过去 7 天的平均备餐时间等特征。对于流式管道，Kafka 主题与 Samza 流式计算作业一起使用，以生成近实时的特征值，这些特性值在 Cassandra 中以键 – 值格式持久化。历史特征会定期从 Hive 中批量预计算并加载到 Cassandra 中。例如，Uber Eats 使用流式管道来获取特征，比如餐厅在过去一小时内的平均备餐时间。特征是使用 DSL 定义的，DSL 可以选择、转换和组合在训练和预测时发送给模型的特征。DSL 是作为 Scala 的一个子集来实现的，Scala 是一种纯函数语言，拥有一套完整的常用函数。数据用户还可以添加用户实现的自定义函数。

混合特征计算模式的优点：

- 在跨批处理和流时间窗口的特征计算中，能获得最佳性能。

- 用 DSL 来定义特征，避免了训练和推理的管道实现中的差异带来的不一致性。

混合特征计算模式的缺点：

- 在生产中实现和管理该模式并不简单，它的实现依赖成熟的数据平台。

混合特征计算模式是实现特征计算的一种先进方法，它同时针对批处理和流式计算进行了优化。Apache Beam 等编程模型正在逐渐将批处理和流式计算融合起来。

## 4.4.2 特征注册模式

特征注册模式可以让特征易于发现和管理，并能高效地为在线/离线训练和推理服务提供特征值。正如 Li 等人（*https://oreil.ly/sFfDJ*）观察到的，这些用例的需求差异很大。批量训练和推理需要高效的批量访问，实时预测需要低延迟、每条记录的访问。单一存储对于历史和近实时特征来说并不是最佳选择，原因主要有：

  a. 数据存储对于点查询或批量访问都是高效的，但不是同时都高效；

  b. 频繁的批量访问会对点查询的延迟产生负面影响，使得两者难以共存。不管是哪   种用例，特征都是通过规范名称来标识的。

对于特征发现和管理，特征注册模式是发布和发现特征以及训练数据集的用户界面。特征注册模式还可以作为一种工具，通过比较特征版本来分析特征随时间的变化。当开始一个新的数据科学项目时，数据科学家通常会先扫描特征注册中的可用特征，只为模型添加特征存储中尚不存在的新特征。

特征注册模式有以下功能模块：

*特征值存储*

  存储特征值。针对批量存储的常见解决方案有 Hive（Uber 和 Airbnb 使用）、S3  （Comcast 使用）和 Google BigQuery（Gojek 使用）。对于在线数据，通常使用  Cassandra 等 NoSQL 存储。

*特征注册存储*

  存储计算特征的代码、特征版本信息、特征分析数据和特征文档。特征注册提供自  动特征分析、特征依赖跟踪、特征作业跟踪、特征数据预览，以及对特征/特征组/  训练数据集元数据的关键字搜索。

特征注册模式的一个示例是 Hopsworks 特征存储（*https://oreil.ly/7c_fx*）。用户用 SQL 或编程的方式查询特征存储，然后特征存储以数据帧的形式返回特征（如图 4-6 所示）。在 Hopsworks 特征存储中，特征组和训练数据集连接到 Spark/NumPy/pandas 作业，这样可以在必要时复制和重新计算特征。除了特征组或训练数据集之外，特征存储还实现了数据分析功能，可以查看特征值、特征相关性、特征直方图和描述性统计的聚类分析。例如，特征相关信息可用于识别冗余特征；特征直方图可用于监控特征在不同版本之间的特征分布，以发现协方差；聚类分析可用于发现异常值。在特征注册中访问这些统计信息有助于用户决定使用哪些特征。

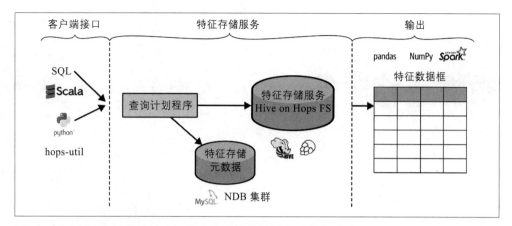

图 4-6：用户对特征存储的查询会产生数据帧（以通用的格式表示，即 pandas、NumPy 或 Spark）（来自 Hopsworks 文档（*https://oreil.ly/2o1e0*））

特征注册模式的优点：

- 它提供了高性能的训练数据集和特征值服务。
- 它能减少数据用户的特征分析时间。

特征注册模式的缺点：

- 当为数百个模型提供服务时，可能存在性能瓶颈。
- 特征数量不断增加时，需要为连续特征分析进行扩展。

# 4.5 总结

如今，在模型服务和训练过程中，没有原则性的方法来访问特征。通常，特征无法在多个机器学习管道之间轻松重用，并且机器学习项目是在没有协作和重用的情况下独立完成的。考虑到特征深深地嵌入机器学习管道中，当新的数据到来时，无法确定哪些特征需要重新计算，而是需要运行整个机器学习管道来更新特征。特征存储可以解决这些问题，并能在大规模开发机器学习模型时节省成本。

第 5 章

# 数据迁移服务

在开发洞察来解决业务问题的过程中,我们已经讨论了发现现有的数据集及其元数据,以及可用于开发洞察的可重用工件和特征。通常,必须将来自不同数据仓库或应用数据库的数据属性进行聚合以构建洞察。例如,收入仪表盘要求将账单、产品代码和特价产品的属性迁移到一个公共数据存储中,然后对该数据进行查询和写入,每隔几个小时更新仪表盘或实时更新仪表盘。数据用户会花费 16% 的时间迁移数据(*https://oreil.ly/qdbsF*)。如今,数据迁移导致了以下痛点:在异构数据源之间协调数据移动、持续验证源数据和目标数据之间的数据正确性以及适应数据源上通常发生的任何模式或配置更改。

确保及时提供不同来源的数据属性是主要难点之一。在获取数据上花费时间会降低生产力,并会影响整体的洞察耗时。理想情况下,迁移数据应该是自助式的,这样数据用户就可以选择一个源、一个目标和一个时间表来迁移数据。此类服务的成功标准是减少数据可用性耗时。

## 5.1 路线图

本节讨论数据科学家在数据迁移中的不同场景。

### 5.1.1 跨数据源聚合数据

传统上,来自事务型数据库的数据被聚合到数据仓库中用于数据分析。今天,数据源的种类显著增加,有结构化数据、半结构化数据和非结构化数据,包括事务型关系数据库、行为数据、地理空间数据、服务器日志、物联网传感器数据等。对数据用户来说,从这些数据源聚合数据难度较大。

更复杂的是,随着应用程序设计的微服务范式(*https://oreil.ly/2kHMq*)的出现,数据源变得越来越孤立。在微服务范式中，开发人员可以选择最适合其微服务的不同底层数据存储和数据模型。在现实世界中，一个典型的数据用户需要应对不同的数据孤岛，并且通常需要跨团队进行协调，管理产品交易数据、行为点击流数据、营销活动、账单活动、客户支持票据、销售记录等。在这种情况下，数据迁移服务的作用是在数据湖中自动聚合数据。

## 5.1.2 将原始数据迁移到专门的查询引擎

越来越多的查询处理引擎针对不同类型的查询和数据工作负载进行了优化。例如，对于时间序列数据集的切片分析，数据被复制到专门的分析解决方案，如 Druid（*https://oreil.ly/hmCP4*）和 Pinot（*https://oreil.ly/_hu7N*）。简化数据迁移可以为分析作业选择更合适的分析工具。在基于云的架构中，查询引擎越来越多地直接运行在数据湖上，减少了迁移数据的需求。

## 5.1.3 将处理过的数据迁移到服务存储

考虑这样一个场景，数据被处理后存储为键 – 值对，需要由应用程序向数百万个终端用户提供服务。为了确保足够的性能和可扩展性，需要根据数据模型和一致性需求选择合适的 NoSQL 存储作为服务存储。

## 5.1.4 跨数据源进行探索性分析

在模型构建的初始阶段，数据用户需要探索大量的数据属性。这些属性在数据湖中可能并不都是可用的。探索阶段不需要完整的表，而是需要快速原型设计的数据样本。鉴于原型设计工作的迭代性，非常有必要将数据迁移自动化为页面点击可实现的功能。此场景是决定需要定期在数据湖中聚合哪些数据集的准备步骤。

# 5.2 最小化数据可用性耗时

数据可用性耗时主要花在本节讨论的 4 个活动上。数据迁移服务的目标是尽量减少这些步骤花费的时间。

## 5.2.1 数据接入配置和变更管理

数据必须从源数据存储中读取并写入目标数据存储中。我们需要一个特定技术的适配器来对数据存储进行读写。管理数据存储的源团队需要通过配置来开放数据读取功能。通常，必须解决与源数据存储的性能影响相关的问题。这个过程在 JIRA ticket（一个项目管理平台）中进行跟踪，可能需要几天时间。

经过初始配置之后，源数据存储和目标数据存储可能会发生模式和配置的更改。这些更改可能会破坏下游 ETL 和机器学习模型对特定数据属性的依赖，而这些数据属性可能已经被弃用，或者更改为表示不同的意义。这些更改需要主动协调。除非数据迁移是一次性的，否则需要进行持续的变更管理，以确保源数据在目标中正确可用。

## 5.2.2 合规

在跨系统迁移数据之前，必须先验证数据是否合规。例如，如果源数据存储受 PCI（*https://oreil.ly/j8aBX*）等监管合规法律的约束，那么数据迁移必须以明确的业务理由记录下来。带有 PII 属性的数据必须在传输过程中和在目标数据存储上进行加密。新出现的数据权利法律，如《通用数据保护条例》（GDPR）（*https://oreil.ly/K7Yqz*）和《加州消费者隐私法》（CCPA）（*https://oreil.ly/eIBY6*），进一步限制了数据迁移。根据适用的法规，合规性验证可能会花费大量时间。

## 5.2.3 数据质量验证

数据迁移需要确保源数据和目标数据的一致性。在实际部署中，质量问题可能由于多种原因导致，例如源数据错误、适配器故障、聚合问题等。为了确保数据质量问题不影响业务指标和机器学习模型的正确性，必须在迁移数据期间监控数据一致性。

在数据迁移过程中，目标数据可能是源数据经过过滤、聚合或转换后得到的，因此与源数据并不完全一致。例如，如果应用程序数据跨多个集群分片，则可能需要在目标数据上使用一个聚合的具体化视图。在部署到生产环境中之前，需要对转换进行定义和验证。

虽然目前有多种商业和开源的解决方案，但在实现数据迁移服务方面还没有通用的解决方案。本章的其余部分将介绍建立数据迁移服务的需求和设计模式。

# 5.3 定义需求

数据迁移服务有 4 个主要模块：

*接入模块*
负责将数据一次性或持续地从源数据存储复制到目标数据存储。

*转换模块*
负责将数据从源数据复制到目标数据时进行转换。

*合规模块*
确保用于分析的迁移数据遵循监管规定。

---

*验证模块*

确保源数据和目标数据之间的数据一致性。

每个组件的需求因部署的不同而不同，这取决于几个因素，包括行业法规、平台技术的成熟度、洞察用例的类型、现有数据流程、数据用户的技能等。本节讨论数据用户在定义与数据迁移服务相关的需求时需要考虑的方面。

## 5.3.1 接入需求

数据接入需求主要考虑三个关键方面。

### 源数据存储技术和目标数据存储技术

从数据存储中读取和写入数据需要一个特定技术的适配器。可用的解决方案根据其支持的适配器而有所不同。因此，列出当前部署的数据存储非常重要。表 5-1 列出了一些常用的数据存储类别。

表 5-1：数据存储类别

| 类别 | 主流示例 |
| --- | --- |
| 事务型数据库 | Oracle、SQL Server、MySQL |
| NoSQL 数据存储 | Cassandra、Neo4j、MongoDB |
| 文件系统 | Hadoop FS、NFS appliance、Samba |
| 数据仓库 | Vertical、Oracle Exalogic、AWS Redshift |
| 对象存储 | AWS S3 |
| 消息框架 | Kafka、JMS |
| 事件日志 | Syslog、Nginx 日志 |

### 数据规模

数据工程师需要了解的与数据规模相关的关键信息包括：

1. 表的行数有多少？

2. 表的物理内存大小是多少 TB ？

3. 当前要复制的表的数量大致是多少？

数据规模的另一个方面是变化率：根据新增、更新和删除的数量来估计表是否在快速变化。利用数据的大小和更新率，数据工程师可以估计规模需求。

### 可接受的刷新延迟

对于探索性用例，数据迁移通常是一次性操作。对于数据的持续拷贝，有一些不同的选择，如图 5-1 所示。在图中，预定的数据拷贝可以实现为批处理（周期性）操作，而不是连续操作。批处理操作既可以是表的完整副本，也可以是只拷贝上次变化的增量。对于连续拷贝，源数据上的更改将以近实时的方式（以秒或分钟为单位）传输到目标上。

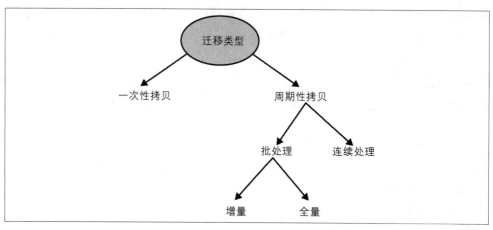

**图 5-1：决策树显示不同类型的数据迁移请求**

## 5.3.2 转换需求

在数据迁移过程中，目标数据可能不是源数据的完整副本。作为数据迁移服务的一部分，定义服务需要支持的不同类型的转换很重要。有 4 类转换：

*格式转换*

　　目标数据最常见的形式是源表的副本。目标数据也可以是源数据追加更新的日志，或者是代表表的更新、插入或删除的更改事件列表。

*自动模式演进*

　　对于预定的数据迁移，源表的模式可以得到更新。数据迁移服务应该能够自动适应变化。

*过滤*

　　原始源表或事件可能有需要从目标中过滤的字段。例如，目标表可能只需要源表中列的子集。此外，过滤还可以用于删除重复的记录。根据分析的类型，对删除记录的过滤可能需要特殊处理。例如，财务分析要求被删除的记录可以用删除标志（称为软删除）而不是用实际删除（硬删除）来标记。

*聚合*

　　在源数据跨多个孤岛的场景中，转换逻辑会聚合并创建一个单一的具体化视图。聚合还可以通过连接不同的数据源来丰富数据。

### 5.3.3 合规需求

在数据迁移过程中，应该考虑多方面的合规性。图 5-2 显示了需要考虑的马斯洛需求层次结构。在三角形的底部是合规性的三个 A：身份验证、访问控制和审计跟踪。上面是处理 PII 的加密和屏蔽方面的考虑。再往上是任何特定于监管合规的需求，如 SOX、PCI 等。最上面是数据权限合规，即遵守 CCPA、GDPR 等法律。

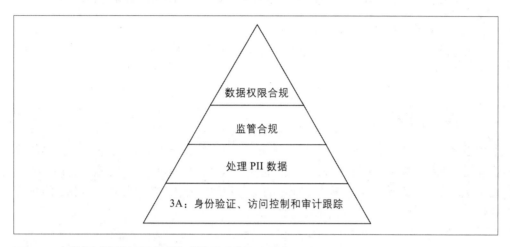

图 5-2：在数据迁移期间要考虑的合规需求的层次结构

### 5.3.4 验证需求

确保源数据和目标数据一致是数据迁移过程的关键。根据分析类型和所涉及的数据性质，可以定义不同的一致性检查需求。例如，通过检查行数是否一致可以确保所有源数据都反映在目标数据上。还有抽样一致性检查，比较行的子集以验证源数据和目标数据上的记录是否完全匹配，并且在数据迁移期间没有出现数据损坏（比如数据列显示为 null）。其他质量检查（比如列值分布和跨表引用完整性）详见第 9 章。如果检测到错误，应该将数据迁移服务配置为发出告警或使目标数据不可用。

### 5.3.5 非功能性需求

以下是在设计数据迁移服务时应该考虑的一些关键非功能性需求：

*方便接入新的源数据存储*

简化数据源所有者对服务的使用体验，并支持主流的源数据存储和目标数据存储。

*自动监控和故障恢复*

服务应该能够创建检查点并从任何数据迁移失败中恢复。在迁移大型表时，这一点尤其重要。解决方案中还应该包含一个全面的监控和告警框架。

**尽量减少对数据源性能的影响**

数据迁移不应该降低数据源的性能，因为这会直接影响应用程序的用户体验。

**解决方案的扩展**

考虑到数据的持续增长，该服务应该支持每天数千次的计划性数据迁移。

**社区广泛使用的开源技术**

在选择开源解决方案时，请注意有一些是僵尸项目。确保开源项目是成熟的，并被社区广泛使用。

# 5.4 实现模式

数据迁移服务包含 4 个关键模块：接入模块、转换模块、合规模块和验证模块。本章重点介绍实现接入模块和转换模块的模式。合规模块和验证模块的模式是通用构件，分别在第 9 章和第 18 章中介绍。对应于现有的接入和转换的任务图，数据迁移服务的自动化程度有三个级别（如图 5-3 所示）。

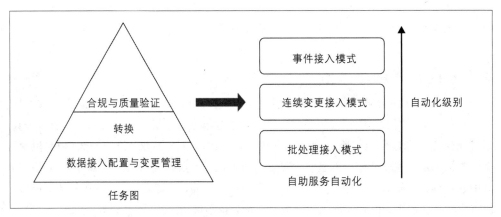

图 5-3：数据迁移服务的不同自动化级别

## 5.4.1 批处理接入模式

批处理接入是大数据发展早期流行的一种传统模式，它既适用于一次性数据迁移，也适用于计划性数据迁移。批处理指的是将源数据上的更新打包在一起，然后定期迁移到目标数据中。批处理通常用于大型数据源的数据迁移，而不需要实时更新。批处理过程通常每 6～24 小时调度一次。

批处理接入模式分为三个阶段（如图 5-4 所示）。

*1. 分区阶段*

要拷贝的源表在逻辑上被分割成更小的块，以并行化数据迁移。

*2. map 阶段*

每个块被分配给一个 mapper（MapReduce 中的术语）。mapper 触发查询，从源表读取数据并复制到目标表。使用更多 mapper 将产生更多的并发数据传输任务，从而可以更快地完成作业。但是，这会增加数据库上的负载，可能会影响源数据的性能。对于增量表拷贝，mapper 会处理自上次更新以来对源表的插入、更新和删除。

*3. reduce 阶段*

mapper 的输出被存储为 staging 文件，并由 reducer 合并为目标数据存储上的单个具体化视图。reducer 还可以实现转换功能。

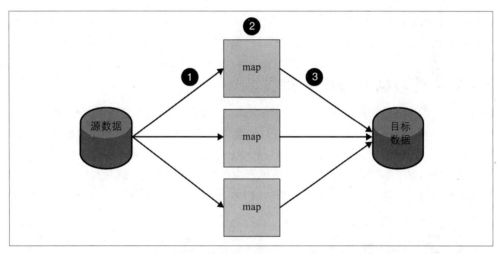

图 5-4：批处理接入模式包括使用 map 阶段（MapReduce）对源数据对象进行分区，并将其并行复制到目标数据对象中

批处理接入模式的一个流行示例是 Apache Sqoop（*https://oreil.ly/iqArX*），Sqoop 用于批量数据迁移，通常在关系型数据库和文件系统到 HDFS 和 Apache Hive 之间迁移数据。它是以客户端 – 服务器模型实现的：客户端安装在源数据和目标数据存储中，数据迁移任务由客户端的 Sqoop 服务器以 MapReduce 作业的形式调度。用于连接数据存储的特定技术适配器安装在客户端上（在较新的 Sqoop 2 版本中，驱动程序安装在服务器上）。数据迁移是一个 MapReduce 作业，其中源客户端上的 mapper 将从源数据存储传输数据，而目标客户端上的 reducer 将复制和转换数据。Sqoop 支持全表刷新和基于高水印的增量表复制。

批处理接入模式的优点：

- 它是一种传统的数据迁移模式，适用于各种源数据和目标数据存储。数据源所有者在使用、管理和维护其源数据存储时只需付出极小的成本。

- 它支持扩展到每天数以千计的计划性数据迁移，还利用 MapReduce 实现故障恢复。

- 它内置了对复制后数据验证的特性。

批处理接入模式的缺点：

- 它不支持近实时的数据刷新。

- 它可能会潜在地影响源数据存储的性能。此外，用于连接源数据存储的 JDBC 连接存在潜在的合规问题，而这些数据存储是符合监管规定的。

- 它对使用硬删除的增量表刷新和数据转换功能的支持有限。

批处理是团队在大数据旅程早期的一个良好起点。根据分析团队的成熟度，面向批处理可能就足够用了。数据工程团队通常使用这种模式来快速覆盖可用的数据源。

## 5.4.2 变更数据捕获接入模式

随着团队逐渐成熟，团队不再采用批处理方式，开始转向变更数据捕获（Change Data Capture，CDC）模式。它适用于正在进行的数据迁移，在这种情况下，源数据更新需要以低延迟（以秒或分钟为单位）在目标数据上可用。CDC 意味着捕获源数据上的每个变更事件（更新、删除、插入），并将更新应用到目标数据上。这种模式通常与批处理接入结合使用，批处理用于源表的完整副本初始化，而连续更新则使用 CDC 模式完成。

CDC 接入模式分为三个阶段（如图 5-5 所示）。

*1. 产生 CDC 事件*

在源数据库上安装和配置 CDC 适配器，该适配器是一种特定于源数据存储的软件，用于跟踪对用户指定表的插入、更新和删除操作。

*2. 发布 CDC 到事件总线*

CDC 发布在事件总线上，可以被一个或多个分析用例使用。总线上的事件是持久化的，在出现故障时可以重新回放。

*3. 事件合并*

每个事件（插入、删除、更新）都应用于目标数据上的表。最终的结果是一个具体化的表视图，这个表视图相对于源表延迟较小。在数据目录中更新与目标表对应的元数据，以反映刷新时间戳和其他属性。

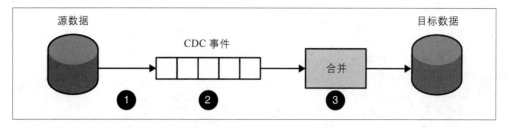

图 5-5：CDC 接入模式的各个阶段

CDC 接入模式有一种变体，可以直接使用事件，而不是通过合并步骤（即去掉图 5-5 中的步骤 3）。这通常适用于将原始 CDC 事件转换为特定业务事件的场景。另一种变体是将 CDC 事件存储为基于时间的日志，这通常适用于风险和欺诈检测分析。

CDC 接入模式的一个流行的开源实现是 Debezium（*https://debezium.io*）与 Apache Kafka（*https://oreil.ly/mH9yU*）相结合。Debezium 是一个低延迟的 CDC 适配器，在标准化事件模型中捕获提交到数据库的变更，并且与数据库技术无关。事件描述了在何时何地发生了什么变更。事件以一个或多个 Kafka 主题（通常每个数据库表有一个主题）的形式在 Apache Kafka 上发布。Kafka 确保所有的事件都有副本且完全有序，并且允许许多用户独立地使用这些相同的数据变更事件，而几乎不影响上游系统。如果在合并过程中出现故障，可以完全从原地恢复。这些事件可以只传递一次或者至少传递一次——每个数据库 / 表的所有数据实现模式变更事件都按照它们在上游数据库中发生的相同顺序传递。

为了将 CDC 记录合并到一个具体化的目标表中，一般使用 MapReduce 面向批处理，或者使用 Spark 等技术面向流处理。两个流行的开源解决方案是 Apache Gobblin（*https://oreil.ly/8rvyX*），它使用 MapReduce（如图 5-6 所示），以及 Uber 的 Marmaray（*https://oreil.ly/Va_Vc*），它使用 Spark。Gobblin 中的合并实现包括反序列化 / 提取、格式转换、质量验证和向目标写入。Gobblin 和 Marmaray 都是为从任何源数据到任何目标数据的数据迁移而设计的。

CDC 接入模式的优点：

- CDC 模式是一种低延迟的解决方案，用于更新目标，且对源数据存储的性能影响最小。
- CDC 适配器可用于主流的数据存储。
- 它支持在数据迁移过程中进行过滤和数据转换。
- 它支持使用增量方式接入大型表。

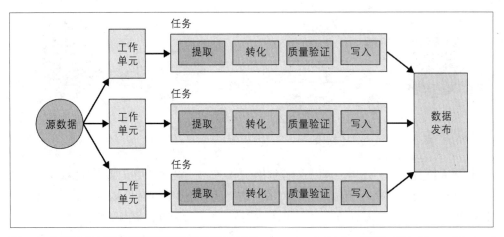

图 5-6：在数据从源数据迁移到目标数据的过程中，Apache Gobblin（摘自 SlideShare（*https://oreil.ly/yDSUB*））实现的内部处理步骤

CDC 接入模式的缺点：

- 考虑到选择 CDC 适配器的最佳配置选项需要较专业的经验，提高了使用的入门门槛。

- 使用 Spark（而不是 Hadoop MapReduce）的合并实现，在处理超大表（大约 10 亿行）时可能会有一些困难。

- 它需要一个带有 CDC 列的表来跟踪增量变更。

- 它仅能支持有限数据量的数据过滤或数据转换。

这种方法非常适合快速迁移大批量数据，是最受欢迎的方法之一。它要求源数据团队和数据工程团队之间配合顺畅，以确保准确无误地跟踪变更和大规模合并更新。

## 5.4.3 事件聚合模式

事件聚合模式是一种常见的聚合日志文件和应用程序事件的模式，该模式对事件进行持续实时聚合，以用于欺诈检测、告警、物联网等。随着 Web 访问日志、广告日志、审计日志和系统日志，以及传感器数据等日志和数据越来越多，该模式的适用性越来越强。

该模式涉及从多个源数据聚合，统一为一个单一的流，并将其用于批处理或流分析。该模式分为两个阶段（如图 5-7 所示）。

*1. 事件转发*

来自边缘节点、日志服务器、物联网传感器等的事件和日志被转发到聚合阶段。安装一个轻量级客户端来实时推送日志。

*2. 事件聚合*

来自多个源数据的事件被规范化、转换，并可用于一个或多个目标数据。聚合是基于数据流的，事件流被缓存并定期上传到目标数据存储。

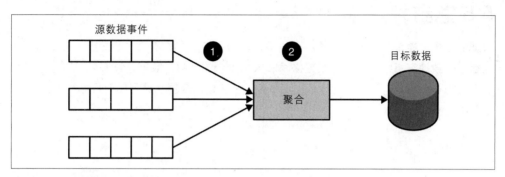

**图 5-7：事件聚合模式的各个阶段**

该模式的一个流行实现是 Apache Flume（*https://oreil.ly/Dvyf_*）。作为数据迁移的一部分，配置文件定义了事件源和数据聚合的目标。Flume 的源数据组件从源数据中获取日志文件和事件，并将它们发送到聚合代理以进行数据处理。日志聚合处理存储在内存中，并通过流传输到目的地。

Flume 最初设计用于快速可靠地将 Web 服务器生成的大量日志文件传输到 Hadoop 中。如今，它已经发展成处理事件数据的工具，处理包括来自 Kafka 代理、Facebook 和 Twitter 等来源的数据。其他流行的实现有 Fluent Bit（*https://fluentbit.io*）和 Fluentd（*https://oreil.ly/FjUAB*），它们主要被用作日志收集器和日志聚合器。

事件聚合模式的优点：

- 它是针对日志和事件且被优化的实时解决方案，具有高可靠、高可用和高可伸缩（水平扩展）的特性。
- 它对源数据性能的影响极小。
- 它具有高可扩展性和高可定制性，并且开销最小。
- 它支持在数据迁移过程中进行过滤和数据转换。
- 它可扩展以支持处理大批量日志和事件数据。

事件聚合模式的缺点：

- 它不保证源事件数据有序。
- 消息可以至少传递一次（而不是只传递一次），要求目标数据处理重复事件。

总之，这种模式针对日志和事件数据进行了优化，虽然很容易入门，但它是为分析用例而设计的，可以处理无序以及重复的记录。

# 5.5 总结

数据的形式可能是表、流、文件、事件等，根据分析类型的不同，数据迁移可能对刷新延迟和一致性有不同的要求。根据需求和数据平台的现状，数据迁移服务可以参考使用本章中的一个或多个模式来设计，实现将数据从任何源数据迁移到任何目标数据。

# 第 6 章

# 点击流跟踪服务

在构建洞察的过程中，一项越来越重要的工作是收集、分析和聚合行为数据，即点击流数据。点击流是代表用户在应用程序或网站中操作的事件序列，包括点击、浏览和相关的上下文，比如页面加载时间、访问者使用的浏览器或设备等。点击流数据对于客户流量分析、营销活动管理、市场细分、销售漏斗分析等业务流程洞察至关重要。在分析产品体验、了解用户意图以及针对不同客户群体提供个性化产品体验方面也发挥着关键作用。A/B 测试利用点击流数据流来计算业务提升或获取用户对产品或网站新变化的反馈。

随着点击流数据被越来越多的数据用户（包括市场营销人员、数据分析师、数据科学家和产品经理）使用，有三个关键痛点与点击流数据的收集、丰富和使用有关。首先，数据用户需要根据自己的分析需求不断在产品和网页中添加新的跟踪信标。添加这些信标不是自助式的，需要专业知识来确定在哪里添加监测信标（instrumentation beacon）信息、使用什么监测插件库，以及使用什么事件分类法。即使是现有的跟踪代码也必须反复更新，以便将事件发送到新的工具上用于市场营销、电子邮件活动等。其次，点击流数据需要经过聚合、过滤和丰富，然后才能被用于产生洞察。例如，原始事件需要过滤由机器人产生的流量。大规模地处理这样的数据极具挑战性。最后，点击流分析需要访问交易历史以及实时点击流数据。对于一些点击流用例来说，例如为了更好的用户体验而进行的针对性个性化定制，分析必须是近实时的。这些痛点会影响点击指标耗时，进而影响个性化、试验和营销活动性能等用例的洞察耗时。

理想的情况是，自助式点击流服务能够简化 SaaS 应用程序以及营销 Web 页面中编辑监测信标的工作。该服务可以自动完成事件的聚合、过滤、ID 拼接和上下文丰富。根据用例的需要，数据用户可以以批处理和流处理的方式使用数据事件。通过服务自动化，可以改进数据事件的收集、丰富和使用，从整体上减少洞察耗时。在本章中，我们将专门介绍针对点击流数据的丰富模式，第 8 章将介绍通用的数据准备模式。

# 6.1 路线图

在营销活动中，可以有不同的优化目标：增加销售额、提高客户留存率和扩大品牌影响力。我们需要从原始数据中提取洞察，这些数据包括 Web 跟踪事件（点击、浏览、转化率）、广告跟踪事件（广告印象、成本）、库存数据库（产品、库存、利润）和客户订单跟踪（客户、订单、积分）。从洞察中，我们可以获知在线广告的运行及其对目标函数的影响——点击量、浏览量、浏览时间、广告成本 / 转化率等之间的相关性。洞察让市场营销人员能够了解如何将客户引向其品牌，并提供一种结构化的方式来了解新用户的来源（品牌新客户、回流客户或交叉销售客户）。类似地，网络流量分析提供了关于带来流量的来源、热门关键词、不同流量来源访客的转化率、与活动相关联的群组分析等方面的洞察。并且，理解产品流程有助于发现一些潜在场景，比如试用客户在使用开票功能时遇到困难，他们可能需要得到客服帮助。

点击流数据被各种岗位的用户使用：

- 市场营销人员旨在通过不同类型的营销活动来提高品牌影响力、盈利和用户留存率。利用点击流数据和线下数据，营销人员创建了一个 360 度的客户体验档案。图 6-1 显示了如何使用聚合的点击流数据来构建不同客户的旅程地图体验。

- 数据分析师旨在利用点击流洞察来发现客户细分、需要改进的产品流程等。

- 应用开发人员使用点击流分析为产品建立个性化推荐，以更好地满足不同客户群体的需求。

- 实验人员使用点击流指标来评估 A/B 方案的影响。

- 数据科学家使用标准化的点击流事件进行预测建模，并采用生产环境的特征。

- 产品经理对有关产品功能性能的实时数据感兴趣。

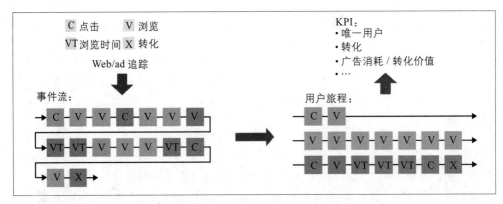

图 6-1：聚合的点击流事件，用于构建个人客户体验地图（来自 Spark Summit（*https://oreil.ly/aacWw*））

每一个点击流用例都涉及三个关键的功能模块：

- 在产品和 Web 页面中添加跟踪代码，以捕获客户的点击和浏览。

- 从信标收集信息数据，然后对这些信息进行聚合、关联、清洗和丰富。

- 结合数据湖中的实时点击流事件和历史数据来生成洞察。

# 6.2 最小化点击指标耗时

点击指标耗时包括管理监测信息、丰富收集的事件数据和分析数据消耗的时间（如图 6-2 所示）。

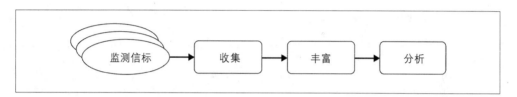

图 6-2：点击流服务的关键模块

## 6.2.1 监测管理

生成点击流事件需要在产品或 Web 页面中使用监测信标。通常，信标会使用一个 JavaScript 跟踪器来实现，它在每次请求时与页面一起加载，并向收集器服务发送一个 JSON POST 请求，其中包含视图、点击和其他行为活动的详细信息。信标事件可以从客户端（例如，客户在移动应用程序中按下支付按钮）和服务器端（例如，客户的账单支付交易完成）收集。

如今，在企业内部大规模管理监测信息存在几个挑战。首先，有多个库的克隆和收集框架，并且框架可能不可靠。其次，信标必须不断更新以适应第三方集成，包括电子邮件营销工具、实验工具、活动工具等。集成工具需要在信标代码中直接跟踪这些事件，捕获数据并将其发送到相应的服务。每一个新的服务都需要添加特定的跟踪代码。最后，由于跟踪模式的事件和属性标准不一致，导致出现脏数据。总体而言，如图 6-3 所示，架构之间没有一致性和可见性，且缺乏对数据收集和分发的控制。

## 6.2.2 丰富事件

监测信标收集到的事件数据需要进行清洗和丰富。对于大多数用例来说，有 3 个必需的关键步骤：

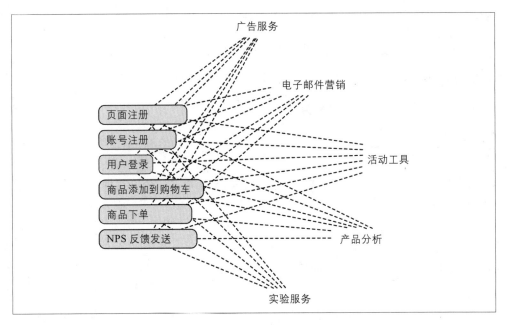

图 6-3：每个信标单独配置，以将数据发送到多个不同的工具和框架

*机器人过滤*

互联网上有很多机器人正在抓取网页。通常，三分之一或更多的网站流量是由机器人引起的。需要过滤掉由机器人触发的事件，因为它们扭曲了与客户互动和每个访问者转换相关的关键指标。这影响了与营销活动、实验、归因、优化等相关洞见的有效性。目前的挑战是准确识别与机器人相关的流量。当前的方法主要是基于规则来分析访问模式细节。

*会话处理*

为了更好地了解客户行为，原始点击流事件被划分为多个会话。会话（*https://oreil. ly/-BrSZ*）是两个或多个设备或用户之间短暂的交互。例如，用户浏览并退出网站，或一个物联网设备定期唤醒以执行一项工作，然后返回到睡眠状态。这些交互导致一系列事件依次发生，有开始也有结束。在 Web 分析中，会话代表用户在某次访问网站期间的行为。使用会话可以回答一些问题，如最常见的购买路径、用户如何访问特定页面、用户何时离开以及为什么离开、某些购买渠道是否比其他渠道更有效等。会话的开始和结束很难确定，通常是由一个没有相关事件的时间段定义的。当一个新的事件在指定的延迟时间段（通过迭代分析确定）过去后没有事件到达时，一个会话开始。当一个新的事件在指定的延迟时间内未到达时，会话结束。

为了有效地提取洞察，点击流事件被丰富了额外的上下文信息，比如设备类型、浏览器类型和操作系统版本等用户代理信息。IP2Geo 通过利用 MaxMind（*https://oreil. ly/Ak6TQ*）等查找服务增加了基于 IP 地址的地理位置信息。这是通过在客户端使用 JavaScript 标签，以收集用户交互数据来实现的，类似于许多其他 Web 跟踪解决方案。

总体而言，大规模丰富数据极具挑战性，特别是事件排序、聚合、过滤和丰富。为了洞察分析，可能需要实时处理数百万个事件。

## 6.2.3 构建洞察

基于实时仪表盘，我们可以实现 E2E 客户旅程、客户 360 画像、个性化等场景的可视化。实时跟踪用户行为可以实现更新推荐、执行高级 A/B 测试以及向客户推送通知。构建洞察需要关联实时事件流和批处理数据，并以亚秒级效率处理和传递事件，实现每秒处理数百万个事件。并且，对于全球化的企业来说，处理能力需要在全球部署。

对于处理，需要关联客户 ID（Identity Stitching，身份拼接）。ID 将客户匹配到尽可能多的可用标识符，以获得精确的匹配画像。这有助于对原始事件进行更准确的分析，并针对所有接触点定制客户体验。现在的客户使用多种设备进行交互，他们可能在台式机上开始网站探索，在移动设备上继续，然后使用不同的设备做出购买决定。了解这些行为来自同一个客户还是不同的客户至关重要。通过跟踪单一管道中的所有事件，可以通过匹配 IP 地址将客户事件关联起来。相关性的另一个例子是在客户打开电子邮件时使用 cookie ID，然后让 cookie 跟踪电子邮件地址的哈希编码。

一个挑战是创建 E2E 仪表盘的滞后性，对于产品分析仪表盘来说，创建工作通常需要长达 24 小时。客户的在线路线图非常复杂，有几十个不同的接触点和渠道影响最终的购买决定。使用企业自己的网站来跟踪客户行为类似于使用最后一次接触的归因模型，并不能提供一个完整的全景。

# 6.3 定义需求

点击流平台支持的用例众多，痛点也各不相同。以下是对痛点进行优先排序的检查表。

## 6.3.1 监测需求清单

目前，大多数企业都没有定义清晰的事件分类规则或标准化工具来检测 Web 页面和产品页面，以下检查表重点关注需要聚合的事件类型和源数据。

*事件中捕获的属性*

定义事件的属性（即谁、什么、在哪里和域详细信息），以及事件的类型（即页面浏览、点击等）。

*收集客户端事件*

整理移动客户端、桌面应用程序和 Web 应用程序的清单。

*收集第三方源数据*

确定是否需要汇总来自第三方合作商（如谷歌、Facebook Pixel、广告代理公司等）的日志数据和统计数据。对于每个机构，需要确定相应的网络标识。

*收集服务器端事件*

确定是否需要从后端应用程序服务器捕获事件。

*速度和容量*

获得信标数量、事件生成速率和事件保存时间范围的大致估计量。

## 6.3.2 数据丰富需求清单

根据用例的要求，通常会对原始点击流数据进行丰富。丰富包括清洗不需要的事件、加入额外的信息源、在不同的时间粒度上进行汇总以及确保数据隐私。以下是潜在的数据丰富任务的清单：

*机器人过滤*

从真实的用户活动中过滤机器人流量，特别是针对用例预测用户对产品变化的参与度。

*用户代理解析*

额外信息。如浏览器类型、点击流事件来自移动端程序还是桌面客户端程序。这些信息对于旨在将用户活动差异与这些属性相关联的用例来说不可或缺。

*IP 地理信息转换（IP2Geo）*

跟踪地理位置，以便更好地了解不同地域的产品使用差异。

*会话处理*

用于分析指定会话期间、跨会话期间的用户活动用例。

*不同时间范围内事件数据的汇总*

适用于在较长时间段内，对单个事件细节和一般用户活动趋势的需求不同的用例。

*隐私信息过滤*

  适用于为了用户隐私合规而删除 IP 地址这样的用例。

某些用例可能需要访问原始数据，或者为点击流事件定义自定义主题结构和分区方案。重要的是要了解用于识别用户的不同选项，包括账户登录（一小部分用户）、cookie 标识（不适用于跨设备行为，并且会被删除、终结和阻塞）、设备指纹（识别用户的一种概率方法）和 IP 匹配（不适用动态 IP 和共享 IP 场景）。

# 6.4 实现模式

与现有的任务图相对应，点击流服务的自动化有三个层次（如图 6-4 所示）。每个级别对应于将目前手工或效率低下的任务组合自动化。

*监测模式*

  简化了在产品和营销网页中管理跟踪信标。

*数据丰富模式*

  自动清理和丰富点击流事件。

*消费模式*

  自动处理事件，为多个用例生成实时洞察。

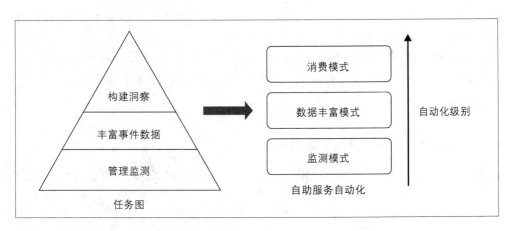

图 6-4：点击流跟踪服务的不同自动化级别

## 6.4.1 监测模式

监测模式简化了整个产品和 Web 页面的监测信标的管理，它使得数据用户可以自助更新、添加和查询可用的信标。传统上，信标被实现为与页面一起加载的 JavaScript 跟踪器。该信标向电子邮件活动管理系统、实验平台、Web 分析服务等提供商发送 JSON POST 请求。当团队添加新的提供商时，需要更新信标代码以向提供商发送事件。因为监测模式实现了一个代理模型，所以在上述情况下，不必更新每个现有信标的转发逻辑，其工作原理如下：

*收集事件*

事件由 Web 页面、移动应用程序、桌面应用程序和后端服务器生成。此外，来自第三方服务器的事件会使用 webhook 收集。客户端事件是以 JavaScript 跟踪器和像素的形式出现的。每个事件都有一个分类法，其形式包括事件名称、事件属性和事件值定义。这些事件会被发送到代理终端。

*验证事件*

事件在终端对模式属性和数据进行验证，不符合要求的事件会触发规则，无法通过验证的事件会被阻止访问。验证事件的质量有助于创建主动检测和反馈循环。

*转发事件*

事件被转发到多个供应商，并且无须在站点上加载多个标识。这种方法的优点是可以加载更少的信标，同时不会使跟踪代码复杂化。

这种模式的开源实现有 Segment（*https://oreil.ly/DPDue*）和 RudderStack（*https://oreil.ly/7BUGK*）。

为了说明这个模式，我们将介绍 Segment。Segment 使用发布者 – 订阅者模型实现点击流事件的代理。事件被添加到消息总线（如 Kafka）中。其中，电子邮件工具、网络分析工具和其他已部署解决方案的提供商将作为订阅者加入。在添加新的解决方案时不必更改信标，只需将订阅者添加到事件消息总线。考虑到信标很简单，数据用户完全可以自己添加和管理信标。

## 6.4.2 基于规则的丰富模式

这些模式专注于丰富点击流数据以提取洞察。丰富模式会对原始事件进行分析、过滤和增强。因为该模式是基于规则的，所以需要数据用户对其进行扩展，以演进启发式方法。丰富模式的关键模块包括机器人过滤、会话处理和用户上下文丰富。

### 机器人过滤模式

这种模式定义了区分正常用户和机器人的规则。这些规则基于对多个模式的详细分析，并使用 Spark 或 R（*https://oreil.ly/kdomJ*）包实现。一些常见的检查区分机器人访问的规则有：

- 关闭图片功能

- referrer 为空

- 页面点击速率过快

- 深度优先或广度优先地搜索站点

- 流量来自云服务提供商

- 不接受 cookie（使得每次请求都当作全新用户）

- 经常从 Linux 或未知操作系统发起请求

- 使用带有过时或未知浏览器版本的欺骗用户代理字符串

灵活组合这些规则通常可以较好地预测机器人的流量。

机器人过滤分析通常是通过 IP 地址、用户代理和操作系统（而不是访问者 ID）进行的。因为没有 cookie，所以每次点击，机器人都会产生一个全新的访客。机器人在访问每个页面时提供了特定的访问时间戳。当对这些特定的访问时间戳进行线性回归分析时，它的 R 平方值非常接近于 1，这是识别机器人流量的重要指标。

**会话处理模式**

这种模式是基于规则的。一种常见的方法是延迟一段时间（通常为 30 分钟），在此期间没有事件到达的话，会当作一次会话结束。对于会话模式，在点击流事件上持续执行 SQL 查询并生成会话标记。这些查询称为窗口 SQL 函数，并使用以时间或行定义的窗口指定有界查询。AWS Kinesis（*https://oreil.ly/gm-tC*）提供了三种类型的窗口化查询函数：滑动窗口（sliding window）、滚动窗口（tumbling window）和交叉窗口（stagger window）。对于会话模式来说，交叉窗口是一个很好的选择，因为它们会在符合分区键条件的第一个事件到达时打开。此外，交叉窗口不依赖于事件在流中到达的顺序，而是依赖于它们生成的时间。

**用户上下文丰富模式**

为了有效地提取洞察，点击流事件要用额外的上下文信息来丰富，比如地理位置和浏览器版本等用户代理详细信息。该模式的一个开源实现是 Divolte Collector（*https://divolte. io*），它收集信标信息并丰富事件信息（如图 6-5 所示）。在丰富过程中，解析 URL 结构中（例如，产品 ID、页面类型等）特定领域的标识符，并即时提取用户代理信息和 IP2Geo 信息。所产生的点击事件被发布到 Kafka 队列中，可以直接用于生成洞察，而不需要任何 ETL 或日志文件解析。

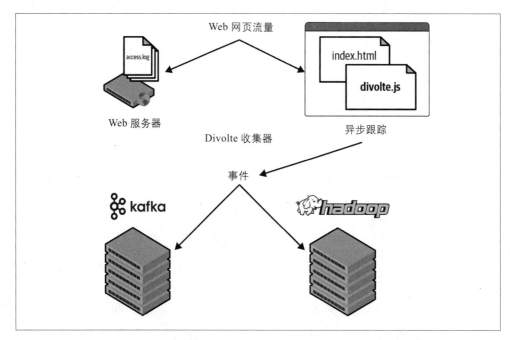

图 6-5：通过开源的 Divolte 收集器进行信标数据的流转（来自 *https://divolte.io*）

## 6.4.3 消费模式

消费模式专注于点击流数据的使用，以支持与营销活动如何执行相关的机器学习模型和实时仪表盘；实验如何影响用户留存、增长和提升销售；等等。该模式结合了批处理指标和流式数据，这样的处理称为复杂事件处理（CEP）。CEP 模式涉及使用窗口函数在时间范围内或跨批次的事件中对模式进行通用搜索和关联。在点击流消费模式的背景下，有两种方法来实现 CEP：

- 使用消息处理框架，例如 Apache NiFi 和 Pulsar（*https://oreil.ly/MZQE2*），它们允许处理按时间戳标识的单个事件。

- 使用时间序列数据存储作为服务层，例如 Apache Druid（*https://oreil.ly/nbgYO*）、Pinot 和 Uber 的 M3（*https://oreil.ly/RTb6P*），它们能够处理记录更新和批量加载。

我们以 Apache Pulsar 为例来演示消息处理框架。Pulsar 是一个建立在分层架构上的强大的发布－订阅模式，它开箱即用，具有地理复制、多租户、统一队列和流式处理的特点。数据由无状态的 broker 节点提供服务，而数据存储由 bookie 节点处理。这种架构的好处是可以独立地扩展 broker 和 bookie 节点。与现有消息系统（如 Apache Kafka）在同一集群节点上协调数据处理和数据存储相比，Pulsar 的架构具有更强的弹性和可扩展性。Pulsar 使用类似 SQL 的事件处理语言进行操作。在处理方面，Pulsar CEP 处理逻辑部署在多个节点（称为 CEP 单元）上。每个 CEP 单元都配置了入队（inbound）通道、出队（outbound）通道和处理逻辑。事件通常基于分区键（如用户 ID）进行分区，具有相同分区键的所有事件将路由到同一个 CEP 单元。在每个阶段，事件可以基于不同的分区键进行分区，从而实现跨多个维度的聚合。

我们以 Apache Druid 为例来说明时间序列服务层。Druid 实现了面向列的存储，每个列单独存储，这样可以只读取特定查询所需的列，支持快速扫描、排序和分组操作。Druid 为字符串值创建倒排索引，以实现快速搜索和过滤，并优雅地处理不断发展的模式和嵌套数据（*https://oreil.ly/ayC-b*）。Druid 通过在多个 worker 之间分片，根据时间智能地划分数据（如图 6-6 所示）。因此，基于时间的查询比传统数据库快得多。除了基于 JSON 的原生查询语言（*https://oreil.ly/JK7MR*），Druid 还支持通过 HTTP 或 JDBC 的 SQL（*https://oreil.ly/4Ver2*）。Druid 可以扩展到每秒接收数百万个事件，保留数年的数据，并提供亚秒级查询。只需添加或删除服务器，Druid 就可以自动重新平衡，从而扩大或缩小规模。

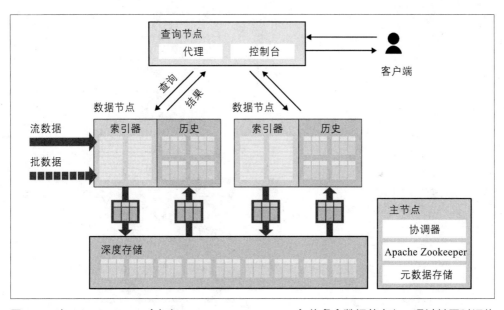

图 6-6：在 Apache Druid（来自 *http://druid.apache.org*）的多个数据节点上，通过基于时间的分片来处理用户查询

## 6.5 总结

点击流数据代表在线实验、营销等多项与客户行为相关的洞察的关键数据集。对于大多数 SaaS 企业，由于它们拥有数以百万计的客户和细粒度的监测信标，所以自动获取和分析点击流数据是一项关键能力。

# 第二部分

# 数据准备自助服务

# 第 7 章

# 数据湖管理服务

现在，我们已经发现并收集了开发洞察所需的数据，接下来进入准备数据阶段。数据聚合在数据湖中，数据湖已经成为聚合 PB 级数据的中央数据存储库，这些数据包括结构化数据、半结构化数据和非结构化数据。以开发一个预测收入模型为例，数据科学家通常会在数周或数月内探索数百种不同的模型。当他们重新审视实验时，需要一种方法来重现模型。通常，此时源数据已经被上游管道修改过，因此不太容易重现实验。在这个例子中，数据湖需要支持数据的版本管理和回滚。同样，还有其他的数据生命周期管理任务，例如确保跨副本的一致性、底层数据的模式演变、支持部分更新、现有数据更新的 ACID 一致性等。

虽然数据湖作为中央数据仓库已经非常流行，但它们缺乏对传统数据生命周期管理任务的支持。现在需要构建多种变通方案，这导致出现了几个痛点。首先，原始的数据生命周期任务没有自动化的 API，需要工程专家来实现可重复性和回滚、提供数据服务层等。其次，需要应用程序通过其他变通方法来适应数据湖中并发读写操作缺乏一致性的问题。此外，增量更新（比如因合规要求删除客户的记录）效率很低。最后，无法对流式数据和批处理数据进行统一管理。

替代方案需要为批处理和流处理提供单独的处理代码路径（称为 Lambda 架构），或者将所有数据转换为事件（称为 Kappa 架构），这对于大规模管理来说并非易事。图 7-1 显示了 Lambda 架构和 Kappa 结构。这些都影响了数据湖管理耗时，减缓了构建洞察的整个过程。由于缺乏自助服务，数据工程团队会成为数据用户在执行数据湖管理操作时的瓶颈。

理想情况下，自助式数据湖管理服务具备自动化执行原始的数据生命周期管理的能力，并提供 API 和策略供数据用户调用。该服务为数据湖提供事务性的 ACID 能力，并优化数据所需的增量更新。通过将事件添加到批处理表，实现对流式数据和批处理数据的统一视图。数据用户可以利用现有的查询框架，结合历史记录和实时记录来构建洞察。总的来说，鉴于数据湖管理任务是每个数据管道的基本任务，因此自动化这些任务可以降低洞察耗时。

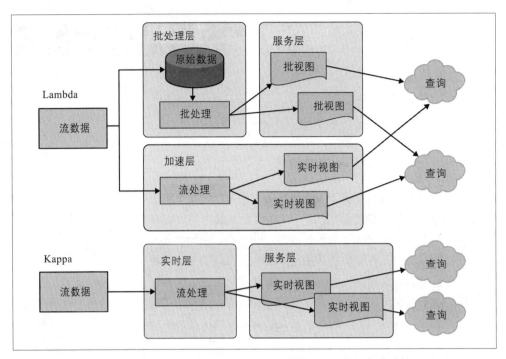

图 7-1：Lambda 架构和 Kappa 架构。Lambda 架构有单独的批处理和流式处理层，而 Kappa 是一个统一的实时事件处理层（来自 Talend（*https://oreil.ly/qZPqV*））

# 7.1 路线图

在整个过程中，执行数据管理任务消除了数据工程师和数据用户之间的瓶颈。数据用户为执行这些任务创建 Jira ticket。通常，数据工程师会因为多个项目团队之间的竞争优先级而导致往复和延迟。并且，这通常无法扩展，会拖慢整个执行过程。借助数据湖管理服务，数据用户可以在授权下不受制约地执行这些任务。本节将介绍整个执行过程中的交互接触点。

## 7.1.1 基本生命周期管理

当数据接入数据湖时，会在对象存储中创建一个 bucket 来持久化与数据关联的文件。bucket 被添加到元数据目录中，可以被不同的处理引擎访问。表 7-1 总结了在数据湖中执行基本数据生命周期管理任务的痛点。

表 7-1：在数据湖中执行基本数据生命周期管理任务的痛点

| 基本生命周期任务 | 痛点 | 解决方案 |
|---|---|---|
| 对探索、模型训练所需的数据进行版本控制，并解决由于作业失败导致数据处于不一致状态而造成的损坏，这些任务导致痛苦的恢复过程 | 没有创建和恢复快照的明确流程。在特定时间点，很难获取特定表的属性值。无法根据版本或时间戳回滚失败的作业或事务 | 快照是基于策略创建的。为了重视模型，需要创建数据的多个副本，这会导致存储成本增加。为了访问历史数据，整个快照将恢复到一个沙箱命名空间中，并可用于分析。这个过程需要数据工程师的帮助 |
| 模式演变，以管理源数据集中的变更 | 模式演变可能中断下游分析。在数据湖接入时，不支持验证数据集的模式 | 在源数据集和下游分析之间创建隔离数据层。这并非万无一失，也不是对所有的模式变更都有效 |
| 数据服务层，可以有效地将数据湖中的数据开放给 Web 应用程序和数据分析 | 对已处理数据的读写可能并不适用于所有数据模型，比如键－值、图、文档和时间序列。数据用户满足于次优的通用关系模型 | 修改应用程序的数据模型来适应关系模型 |
| 集中跟踪数据访问和使用。审计数据变更对于数据合规、了解数据如何随时间变化至关重要的 | 跨多个用户和服务时，难以跟踪数据集的更新和访问缺乏集中审计导致访问控制出现盲点 | 即席查询脚本和审计监控 |

其中一个常见的任务是数据回滚。由于基础设施不稳定、数据混乱以及管道中的 bug 等问题，数据管道为下游用户写入了低质量的数据。对于带有简单追加功能的管道，回滚可以通过基于数据的分区来解决。当涉及对历史记录的更新和删除时，回滚就会变得非常复杂，需要数据工程师来处理复杂的场景。

此外，数据的增量更新是一项基础操作。大数据格式的设计初衷是为了不可变性。随着数据权限合规要求的出现，客户可以要求删除他们的数据，更新数据湖中的数据已经成为一种必然。由于大数据格式的不可变性，删除一条记录意味着需要读取所有剩余的记录，并将它们写入一个新分区。考虑到大数据的规模，这可能会造成巨大的开销。如今，一种典型的解决方法是创建细粒度的分区，以加速数据的重写速度。

## 7.1.2 管理数据更新

数据湖中的一个表可以转换为多个文件更新（如图 7-2 所示）。数据湖没有提供与数据库 ACID 相同的完整性保证。缺少的隔离保证会影响读者在写操作更新数据时获得部分数据。类似地，并发的写操作也会损坏数据。更新一致性的另一个方面是，鉴于最终一致性模型，写操作可能没有传播到所有副本，写后读操作有时会返回不一致的数据。为了适应数据使用时没有 ACID 保证，在应用程序代码中可以使用一些变通方法：当更新丢失时发起重试请求；暂停时间，限制使用数据的应用程序在执行期间使用数据，以避免读取不完整的数据；手动跟踪更新的完成情况，以及出现错误时的回滚情况。

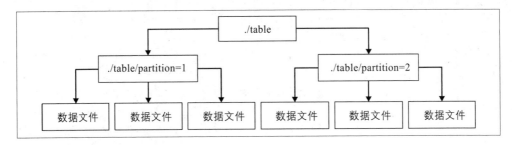

图 7-2：表更新可以转换为更新多个数据文件（来自 Slide Share（*https://oreil.ly/phZmD*））

### 7.1.3 管理批处理和流式数据流

传统上，洞察是回顾性的，以批处理的方式运行。随着洞察变得实时和可预测，它们既需要分析正在进行的更新流，也需要分析历史数据表。理想情况下，流式事件可以添加到批处理表中，从而允许数据用户简单地利用表上现有的查询。现有的数据湖功能有几个局限性（*https://oreil.ly/GmR0*）：在写入数据的同时读取一致的数据；在不延迟下游处理的情况下处理延迟到达的数据；从一个大表中以增量方式读取具有高吞吐量的数据等。今天应用的变通方法是前面讨论过的 Lambda 架构和 Kappa 架构。

## 7.2 最小化数据湖管理耗时

数据湖管理耗时包括基本生命周期管理、数据更新的正确性，以及统一管理批处理数据和流式数据的时间。其中每一项都很耗时，技术上的挑战已经在前文介绍过。

### 7.2.1 需求

除了功能需求外，对于现有的部署，有三类需求需要了解：命名空间管理需求、数据湖中支持的数据格式和数据服务层的类型。

**命名空间区**

在数据湖中，可以对数据进行逻辑分区或物理分区。命名空间可以根据当前的工作流、数据管道流程和数据集属性组织成许多不同的区域。下面是典型的（*https://oreil.ly/qrd5j*）命名空间配置（如图 7-3 所示），大多数企业以某种形式使用这种命名空间来保证数据湖的安全性、有序性和灵活性。

*青铜区*

这是为从事务性数据存储中接入的原始数据服务的。它是原始数据的转储地，也是长期保留地。敏感数据经过加密和标记。在此区间进行最低限度的处理，以避免破坏原始数据。

*白银区*

这是包含中间数据的暂存区，其中包含经过滤、清理和增强的数据。在对青铜区的数据进行数据质量验证和其他处理后，就成为该区的"真相来源"，供下游分析。

*黄金区*

包含可供使用的干净数据以及业务级聚合数据和指标。这个区代表了传统的数据仓库，处理过的输出的和标准化的数据层都存储在该区域中。

除了预先创建的命名空间之外，数据用户可能希望创建沙盒命名空间进行探索。沙盒区的治理力度最小，通常在 30 天后删除。此外，随着监管合规性的不断提高，一种被称为敏感区或红色区的新区域正在创建。该区域对选定的数据管理员有限制性的访问，且治理力度很大。它用于选定的用例，如欺诈检测、财务报告等。

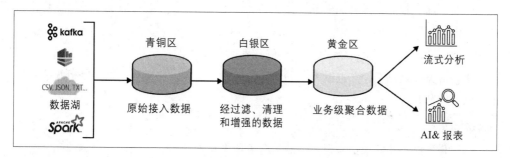

图 7-3：数据湖中的典型命名空间配置（来自 Databricks（*https://oreil.ly/eROqr*））

**支持的文件格式**

数据湖中的数据可以采用不同的格式。数据格式在性能和扩展性方面发挥着重要作用。作为需求收集的一部分，了解当前部署的数据格式并投入成本进行文件格式的转换可以确保更好地匹配用例需求。

数据格式需要平衡对格式健壮性的关注（即格式对数据损坏场景的测试情况如何）和与流行的 SQL 引擎和分析平台的互操作性。以下是需要考虑的不同需求。

*表现力*

该格式能否表示复杂的数据结构（map、记录、链表、嵌套数据结构等）？

**健壮性**

格式是否定义明确并易于理解？它是否在数据损坏和其他极端情况下得到过很好的测试？健壮性的另一个重要方面是格式的简单性。格式越复杂，序列化和反序列化驱动程序中出现错误的可能性就越高。

**空间效率**

数据的紧凑表示通常是一个优化标准。空间效率基于两个因素：a）将数据表示为二进制文件的能力；b）压缩数据的能力。

**访问优化**

这个标准可以最大限度地减少响应应用程序查询而访问的数据量（以字节为单位）。没有什么通用的解决方案，该标准在很大程度上取决于查询的类型（例如，select*查询与对有限列值进行筛选的查询）。访问优化的另一个方面是拆分文件进行并行执行的能力。

可用格式（*https://oreil.ly/kT-5b*）主要有以下几个：

**文本文件**

这是最古老的格式之一，虽然它是人类可读的和可互操作的，但在空间效率和访问优化方面效率较低。

**CSV/TSV**

这些格式有局限性，二进制表示和访问效率低。而且，使用这些格式表达复杂的数据结构也很困难。

**JSON**

对于应用程序开发人员来说，这是最有表现力和最通用的格式之一。但它在空间效率和访问优化方面没有优势。

**SequenceFile**

这是 Hadoop 中最古老的文件格式之一。数据用键-值对表示，在 Java 是通过写接口访问 Hadoop 的唯一方式时，它很受欢迎。它最大的问题是互操作性差，且没有一个通用的定义。

**Avro**

类似于 SequenceFile，不同之处是它的模式存储在文件头中。该格式具有表现力和互操作性，但是二进制表示有开销，并不是最优化的。总的来说，它非常适合通用的工作场景。

**ORCFile**

它是一种面向列的格式，在高端商业数据库中使用。在 Hadoop 生态系统中，这种格式被认为是 RCFile 格式的继承者，RCFile 格式在将数据作为字符串存储时效率很低。ORCFile 支持 Hortonworks，最新进展见链接 *https://oreil.ly/Pfmyt*，主要包括谓词下推（Push Predicate Down，PPD）和压缩优化。

*Parquet*
　　它与 ORCFile 类似，并得到了 Cloudera 的支持。Parquet 实现了谷歌 Dremel 论文中的优化（*https://oreil.ly/M7xBw*）。

结合编码，有多个流行的压缩技术，如 zlib、gzip、LZO 和 Snappy。虽然压缩技术在很大程度上与编码无关，但重要的是要区分主要依赖于单个值的列式压缩技术（如标记化、前缀压缩等），以及依赖于值序列的压缩技术（如运行长度编码（RLE）和增量压缩）。表 7-2 总结了数据持久化文件格式的对比。

表 7-2：数据持久化文件格式的对比

| | 表现力 | 健壮性 | 二进制 & 压缩 | 访问优化 | 生态系统 |
|---|---|---|---|---|---|
| 文本文件 | ◐ | ● | ○ | ○ | ● |
| CSV/TSV | ◔ | ◕ | ◐ | ○ | ● |
| JSON | ◕ | ● | ◑ | ○ | ● |
| SequenceFile | ◔ | ● | ◐ | ○ | ○ |
| Avro | ● | ● | ◔ | ◐ | ◕ |
| ORCFile | ● | ● | ● | ● | ● |
| Parquet | ● | ◕ | ● | ● | ● |

## 服务层

数据湖中的数据可以是结构化的、半结构化的和非结构化的。半结构化数据有不同的数据模型，如键 - 值、图、文档等。根据数据模型的不同，应该使用合适的数据存储来实现最佳性能和扩展。有诸多 NoSQL 解决方案来支持不同的数据模型。考虑到事务性 SQL 能力代替可扩展性、可用性和性能的权衡，NoSQL 经常被强调为非 SQL（CAP 定理就是典型例子）。重要的是要认识到 NoSQL 与 SQL 的重合度并不大，NoSQL 支持更多类型的数据模型——它是"非关系型 SQL"，通过选择合适的数据模型来减少应用程序和数据存储之间的能力不匹配。我更倾向于维基百科对 NoSQL 的定义（*https://oreil.ly/pURvC*）："NoSQL（最初指的是"非 SQL"或"非关系型"）数据库为数据的存储和检索提供了一种机制，该机制下数据建模的方式区别于关系数据库中使用的表关系。"下面是对最常用数据模型的简要总结。

**键 - 值数据模型**。这是最简单的数据模型。应用程序将任意数据存储为一组值或 blob（考虑到可能对最大值的长度有限制）。存储的值是不透明的——任何模式的解释都必须由应用程序进行。键－值存储只是按键检索或存储值。主流的实现主要有 Riak、Redis、Memcache、Hazelcast、Aerospike 和 AWS DynamoDB。

**宽－列数据模型**。类似于关系型数据库，宽－列数据库将数据组织成行和列。逻辑上相关的列被分成一组，称为列族。在一个列族中，可以动态添加新列，并且行可以是稀疏的（即，一行不需要为每列都赋一个值）。像 Cassandra 这样的实现允许在列族中的特定列上创建索引，通过列值而不是行键来检索数据。行的读和写操作通常在单列族上保证原子性，但是一些项目实现提供了跨整行、跨多个列族的原子性。主流的实现主要包括 Cassandra、HBase、Hypertable、Accumulo 和 Google Bigtable。

**文档数据模型**。与键－值存储不同，文档中的字段可以通过使用这些字段中的值来查询和过滤数据。单个文档可能包含的信息分布在 RDBMS 中的多个关系表中。MongoDB 和其他实现支持原地更新，使应用程序能够修改文档中特定字段的值，而无须重写整个文档。对单个文档中多个字段的读和写操作是原子的。当要存储的数据字段可能在不同元素之间变化时，关系型存储或面向列的存储可能不是最好的，因为会有很多空列。文档存储不要求所有文档具有相同的结构。主流的实现主要包括 MongoDB、AWS DynamoDB（有限功能）、Couchbase、CouchDB 和 Azure Cosmos DB。

**图数据模型**。图数据库存储两种类型的信息：节点和边。节点是实体，边指定节点之间的关系，且有方向。节点和边都可以包含有关该节点或边的信息的属性，类似于表中的列。主流的实现包括 Neo4j、OrientDB、Azure Cosmos DB、Giraph 和 Amazon Neptune。

除了以上数据模型之外，还有其他数据模型，如消息存储、时间序列数据库、多模型存储等。图 7-4 以 AWS 为例说明了云中可用的数据存储。

| 数据库类型 | 用例 | AWS 服务 | | |
|---|---|---|---|---|
| 关系型 | 关系型应用程序、ERP、CRM、电子商务 | Amazon Aurora | Amazon RDS | Amazon Redshift |
| 键－值型 | 高吞吐 Web 应用程序、电子商务系统、游戏应用程序 | Amazon DynamoDB | | |
| 内存型 | 缓存、会话管理、游戏排行榜、地理应用程序 | Amazon ElasticCache for Memcached<br>Amazon ElasticCache for Redis | | |
| 文档型 | 上下文管理、目录、用户资料 | Amazon DocumentDB（兼容 MongoDB） | | |
| 宽－列型 | 高扩展性工业应用程序（用于设备管理、车队管理、路线优化） | Amazon Keyspaces（用于 Apache Cassandra） | | |
| 图类型 | 风控反作弊、社交网络、推荐引擎 | Amazon Neptune | | |
| 时间序列型 | 物联网应用程序、DevOps、工业遥测 | Amazon TimeStream | | |
| 分类型 | 记录系统、供应链、注册、银行事务 | Amazon QLDB | | |

图 7-4：AWS 云（来自 AWS（*https://oreil.ly/Na6aQ*））中支持的数据模型列表

# 7.3 实现模式

与现有的任务图相对应，数据生命周期管理服务的自动化程度有三个级别（如图 7-5 所示）。每个级别都对应于将目前手工或效率低下的任务组合自动化。

*数据生命周期基本模式*

简化基本操作以及增量数据更新。

*事务模式*

在数据湖更新中支持 ACID 事务。

*高级数据管理模式*

统一流式和批处理数据流。

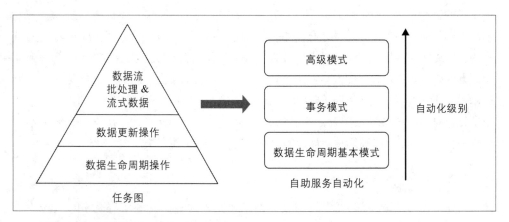

图 7-5：数据生命周期管理服务的不同自动化级别

## 7.3.1 数据生命周期基本模式

这种模式的目标是让数据用户能够通过策略和 API 执行基本操作。这包括创建命名空间、在数据服务层中存储数据、创建分区、创建审计规则、处理模式演变和数据版本控制等的策略。此外，更新数据是一个基本操作，我们的目标是优化这个操作。本节将详细介绍与模式演变、数据版本控制和增量数据更新等相关的细节。

### 模式演变

该模式的目标是自动管理模式变更，使下游的分析不受变更的影响。换句话说，我们希望针对不断演变的模式重用现有的查询，并避免在查询过程中出现模式不匹配错误。模式变更有不同的类型，比如重命名列；在表的开头、中间或末尾添加列；删除列；对列重新排序以及更改数据类型。这里介绍一个方法（*https://oreil.ly/QElz_*）——使用可以处理向后和向前演变的数据格式。有了向后兼容性，可以应用新模式读取使用旧模式创建的数据；有了向前兼容性，可以应用旧模式读取使用新模式创建的数据。应用程序可能不会立即更新，并且应该始终读取新模式中的数据，而不会受益于新特性。

总的来说，模式演变是关于数据格式、模式变更类型和底层查询引擎的函数。根据模式变更的类型和模式本身，更改可能会对下游分析造成破坏。例如，Amazon Athena（*https://oreil.ly/TF3Q0*）是一个读时应用模式（schema-on-read）的查询引擎。在 Athena 中创建的表会在读取数据时应用该模式，它不会更改或重写底层数据。Parquet 和 ORC 是列式数据存储格式，可以通过索引或名称读取。使用这两种格式存储数据，可以确保在运行 Athena 查询时不会出现模式不匹配错误。

**数据版本控制**

该模式的目标是实现时间旅行功能——用户可以在特定的时间点查询数据。这对于模型训练重现、回滚和审计等场景是必需的。Databricks Delta（*https://oreil.ly/8BX-4*）是该模式的一个实现。在写入 Delta 表或目录时，每个操作都会自动进行版本控制。有两种不同的方法来访问不同版本的数据：使用时间戳和使用版本号。实际上，每个表都是 Delta Lake 事务日志中所有提交记录的总和，事务日志记录从表的原始状态到当前状态的详细信息。在向事务日志提交 10 次之后，Delta Lake 将以 Parquet 格式保存一个检查点文件。检查点文件使 Spark 能够跳转到最近的检查点文件，该文件反映了该时间点的表状态。

**增量更新**

该模式的目标是优化数据湖中的增量更新。该模式的一个开源实现是 Hudi（Hadoop upsert delete and incremental，*https://oreil.ly/GKXKG*），它可以在几分钟内对 HDFS 中的数据进行变更。Hudi 从所涉及分区的所有 Parquet 文件中加载 Bloom 过滤器索引（*https://oreil.ly/5ffCm*），并通过将传入的键映射到现有文件中进行更新，将记录标记为更新或插入。Hudi 对每个分区的插入进行分组，分配一个新的字段，并追加到相应的日志文件中，直到日志文件达到 HDFS 块大小。调度程序每隔几分钟启动一个有时间限制的压缩进程，生成一个按优先级排序的压缩列表。压缩操作异步运行。在每次压缩迭代中，因为重写 Parquet 文件的成本没有分摊到文件的每次更新上，所以具有最大日志文件的文件优先被压缩，而较小的日志文件最后被压缩。

## 7.3.2 事务模式

这种模式专注于在数据湖上实现 ACID（原子性、一致性、隔离性、持久性）事务。该模式有几个实现，即 Delta Lake、Iceberg（*https://oreil.ly/Tqs_B*）和 Apache ORC（*https://oreil.ly/ocz2F*）（在 Hive 3.x 中）。

为了说明该模式，我们将介绍 Delta Lake ACID 相关特性的高级实现细节。详细信息请参考 Databricks（*https://oreil.ly/O8jyD*）。

当用户执行插入、更新或删除等操作时，Delta Lake 会将操作分解为一系列独立的步骤。然后，这些操作以有序的原子单元形式记录在事务日志中，称为提交。Delta Lake 事务日志是一个有序的记录，记录了 Delta Lake 表自开始以来执行的每个事务。当用户第一次读取 Delta Lake 表，或者在一个开放的表（这个表在上次读取后被修改过）上运行一个新的查询时，Spark 会检查事务日志，查看有哪些新的事务发布到表上，并将其更新到终端用户表中。这确保了用户的表版本总是与最近一次查询的主记录同步。

原子性保证了在数据湖中执行的操作要么全部完成，要么全部失败。Delta Lake 通过事务日志机制来提供原子性保证。Delta Lake 通过只记录完全执行的事务，并使用该记录作为单一的事实源来支持序列化隔离。对于并发的写 – 写更新，Delta Lake 使用乐观并发控制（一种应用于事务系统的并发控制方法）。目前，Delta Lake 不支持多表事务和外键。

## 7.3.3 高级数据管理模式

高级数据管理模式将流式事件数据组合到一个现有表中（如图 7-6 所示）。数据用户可以使用现有的查询，利用时间窗函数来访问合并后的流式数据和批处理数据。这样就可以随着新数据的到达而持续增量地处理数据，而不必在批处理和流式处理之间进行切换。

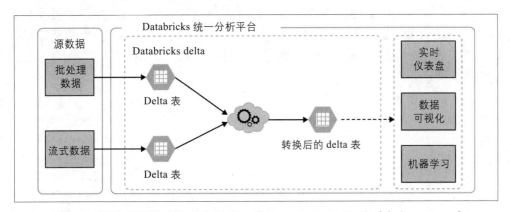

图 7-6：将批处理数据和流式数据合并到一个 Databricks Delta 表（来自 Caserta（ *https://oreil.ly/Mi4uo* ））

传统上，批处理分析和流式分析是分开处理的，因为在数据湖中缺失基本功能模块。例如，没有机制来跟踪自上次使用数据后分区中发生变更的记录。尽管 upsert 可以解决将新数据快速发布到分区的问题，但下游使用者并不知道自过去某个时刻以来哪些数据发生了变更。如果缺少识别新记录的基本功能，则需要扫描和重新计算整个分区或表的所有记录，这可能会花费大量时间，且在大规模时是不可行的。实现统一流和批处理视图还需要其他模式。图 7-7 展示了这些缺失的基本功能，以及它们在 Delta Lake 中的实现方式。流式数据接入、批处理历史回填和交互式查询开箱即用，无须额外的工作。

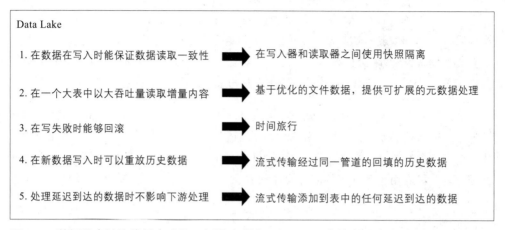

图 7-7：数据湖中缺失的基本功能，以及它们在 DeltaLake 中的实现方式（来自 Databricks（*https://oreil.ly/b-n0v*））

## 7.4 总结

传统上，数据被聚集在数据仓库中，用批处理的方式进行分析。数据仓库支持数据生命周期管理的需求。在快速转换到使用数据湖时，为了支持相同的数据生命周期管理需求，需要组合使用数据存储、处理引擎以及流式和批处理。数据湖管理服务的目标就是将这些任务自动化。

# 第 8 章

# 数据整理服务

本章专注于整理数据湖中聚合的数据，包括结构化、清洗、丰富和验证数据。数据整理是一个迭代的过程，涉及处理错误值、异常值、缺失值、估算值、数据不平衡和数据编码。流程中的每一步都隐含了可能"重新整理"数据的新方法，目的是整理出最健壮的数据以提取洞察。此外，数据整理提供了对数据本质的洞察，让我们能够提出更好的问题来产生洞察。

数据科学家在数据整理上花费了大量的时间和人力（如图 8-1 所示）。除了费时之外，整理是不完整的、不可靠的、容易出错的，并且伴随着几个痛点。第一，数据用户在探索性分析过程中会接触大量的数据集，因此需要快速发现数据的属性并检测准备工作所需的整理转换。目前，评估数据集属性并确定要应用的整理方式是临时的和手动的。第二，应用整理转换需要用 Python、Perl 和 R 等编程语言编写特殊的脚本，或者使用 Microsoft Excel 等工具进行烦琐的手工编辑。考虑到数据量、速度和多样性的不断增长，数据用户需要更简单的编码技能，以高效、可靠和重复的方式大规模地应用转换。第三，需要在日常工作中可靠地操作这些转换，并主动防止瞬时问题影响数据质量。这些痛点影响了整理耗时。整理是产生洞察的关键一步，它会影响整体的洞察耗时。

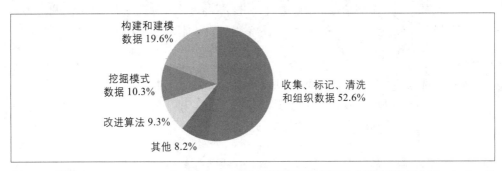

图 8-1：根据 2017 Data Scientist Report，数据科学家在各项活动上花费的时间（*https://oreil.ly/5nW30*）

理想情况下，自助式数据整理服务加快了在生产规模上进行可视化、转换、部署和操作的过程。考虑到领域本体、数据提取、转换规则以及模式映射的多样性，数据整理没有通用的解决方案。该服务为数据用户提供了一个交互式的详细可视化展示，允许在细粒度级别对数据进行更深层次的探索和理解。它会智能地评估手头已有的数据，为用户推荐一组经过排序的建议整理转换列表。数据用户可以很容易地定义转换，而不需要进行底层编程——转换函数会自动编译到对应的处理框架中，并针对数据规模和转换类型调整到最佳的运行配置。数据用户可以为数据集定义质量验证规则，主动防止低质量数据污染已清洗的数据集。总体而言，该服务为广泛的数据用户提供了智能、敏捷的数据整理，以帮助最终提取更准确的洞察。

# 8.1 路线图

数据整理过程通常包括以下任务。

*数据发现*

这通常是第一步。它利用元数据目录来理解数据和模式的属性，以及分析探索需要哪些整理转换。非专业用户很难确定具体需要哪些转换。这个过程还包括记录匹配——寻找多个数据集之间的关系，即使这些数据集不共享标识符或标识符不可靠。

*数据验证*

数据验证有多个维度，包括验证数据字段的值是否遵守语法约束，比如布尔值为真 / 假，而不是 1/0。分布式约束验证数据属性的值范围。交叉属性检查验证跨数据库引用的完整性，例如，在客户数据库中更新的信用卡在订阅计费数据库中得到正确更新。

*数据结构化*

数据有各种各样的结构和大小。不同的数据格式可能不符合下游分析的要求。例如，客户购物交易日志可能有一个或多个商品的记录，而库存分析可能需要购买商品的单个记录。另一个例子是将邮政编码、州名等特定属性标准化。类似地，机器学习算法通常不使用原始形式的数据，通常需要编码，比如使用独热编码。

*数据清洗*

数据清洗包括多个方面，最常见的形式是删除异常值、缺失值、空值和不平衡数据。清洗需要数据质量和数据一致性方面的背景知识，即了解各种数据值对最终分析的影响。清洗还包括删除数据集中记录的重复数据。

*数据丰富*

这包括连接其他数据集，比如丰富客户档案数据。例如，农业公司可以用天气预报来丰富生产预测。数据丰富还包括从数据集派生新的数据形式。

数据质量问题（如缺失、错误、极端和重复的数值）会影响分析，而且查找和解决这些问题非常耗时。随着企业转变成数据驱动，数据整理被数据分析师、科学家、产品经理、市场营销人员、数据工程师、应用程序开发人员等数据用户广泛使用。数据整理还需要处理大数据的4V（见表1-1）。

# 8.2 最小化数据整理耗时

数据整理耗时包括：探索性数据分析、定义数据转换以及在生产规模上实施。

## 8.2.1 定义需求

在确定数据整理的需求时，可以通过对数据属性的交互式和迭代探索来定义它们。考虑到数据用户的范围，数据整理需要工具来同时支持程序员用户和非程序员用户。数据科学家通常使用 Python pandas 和 R 库等编程框架，而非程序员则依赖于可视化解决方案。

可视化工具带来了一些挑战。第一，考虑到多维度和不断增长的规模，可视化的难度较大。对于大型数据集来说，实现动态聚合视图等快速链接选择（rapid-linked selection）并非易事。第二，不同类型的可视化适用于不同形式的结构化、半结构化和非结构化数据。为了让分析和可视化工具读取数据，我们需要花费较多时间来处理数据。第三，可视化工具对推理脏的、不确定的或缺失的数据毫无帮助。自动化方法可以帮助识别异常情况，但确定具体错误取决于上下文，需要人为判断。虽然可视化工具可以加速这一过程，但分析人员通常必须手工构建必要的视图来将异常情况置于上下文中，这需要大量的专业知识。

## 8.2.2 管理数据

基于数据整理的需求，这一步的重点是构建用于大规模转换数据的功能。数据用户需要自动化数据转换，以便以持续的方式大规模应用它们。虽然有通用的模式可以实现大规模数据转换（见第 9 章），但流行的方法是使用可视化分析工具，这些工具将数据的迭代可视化编辑转化为应用于数据集的整理规则（*https://oreil.ly/RbAcE*）。

数据管理的可视化分析框架提出了几个关键挑战：

* 大型数据集的可扩展性。

* 自动应用于相似数据集的智能性（减少人工干预）。

* 支持正确性规范、数据质量问题、数据重新格式化以及不同类型数据值之间的转换。

* 从人工输入中学习并利用交互式转换的历史记录进行数据转换过程。

总体而言，可视化分析是一个活跃的研究领域。专家们正在努力确定适当的可视化编码如何促进数据问题的检测，以及交互式可视化如何促进数据转换规范的创建。

### 8.2.3 操作监控

一旦将数据管理部署到生产环境中，就需要持续监控其正确性和性能 SLA。这包括为数据准确性创建模型，将验证作为预定作业运行，扩展整理功能以及调试操作问题。

关键挑战是处理失败、作业重试和优化，以及调试数据问题的模式。我们将在第 18 章详细讨论数据质量的操作监控。

# 8.3 定义需求

企业在多个方面存在差异：数据组织的现状、生成的洞察对数据质量的敏感度以及数据用户的专业知识。建立数据整理服务首先要关注哪些任务拖慢了数据管理过程。我们建议读者参考 *Principles of Data Wrangling* （*https://oreil.ly/QSN_6*），书中包含一套调查问卷，评估整理过程中理解、验证、结构化、清洗和丰富阶段的痛点。

# 8.4 实现模式

与现有的任务图相对应，数据整理服务的自动化有三个级别（如图 8-2 所示）。每个级别对应将目前手工或效率低下的任务组合自动化。

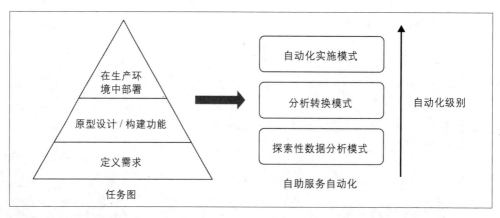

图 8-2：数据整理服务的不同自动化级别

*探索性数据分析模式*

　　加快对数据集的理解，以定义整理转换。

*分析转换模式*

在生产规模上实现转换。

*自动化质量实施模式*

监控数据质量的跟踪和调试，详见第 18 章。

## 8.4.1 探索性数据分析模式

探索性数据分析（EDA）模式关注理解和总结数据集，以确定数据所需的数据整理转换。在开始进行机器学习或仪表盘建模之前，这是至关重要的一步。理解数据有三个组成部分：

- 结构发现，有助于确定数据是否一致和格式是否正确。

- 内容发现，关注数据质量，需要对数据进行格式化、标准化，并及时有效地与现有数据进行集成。

- 关系发现，标识不同数据集之间的连接。

理解数据构成有助于有效地选择预测算法。

根据数据用户的范围，有三种不同的探索性数据分析模式，按所需编程技能升序排列：

- 数据可视化分析为数据完整性、统计分布、完备性等提供了一个易于阅读的可视化视角。推荐几个数据可视化和相关数据摘要的项目：Profiler（*https://oreil.ly/NtROm*）、Data Wrangler（*https://oreil.ly/SKUba*）和 Trifacta。Rapid Miner（*https://oreil.ly/ZqwIB*）为分析过程的设计提供了一个直观的图形用户界面，且不需要编程。

- 传统的编程库（如 Python 的 pandas（*https://oreil.ly/gDhMe*）库）允许数据用户用一条 Python 语句进行分析和转换。类似地，R 中的 dplyr 库提供了一个快速、一致的工具，用于在内存中和内存外处理类似于 DataFrame 的对象。

- Apache Spark 等大数据编程 API 为开发人员提供了易于使用的 API，用于跨语言（Scala、Java、Python 和 R）操作大数据集。传统的编程库通常适合处理样本数据，但扩展性不强。Spark 提供了不同的 API 抽象，用来分析数据（RDD、DataFrame 和 Dataset）的属性。根据用例的不同，需要根据结构化、半结构化或非结构化数据选择合适的 API。Databricks 博客（*https://oreil.ly/v518s*）对 RDD、DataFrame 和 Dataset 的优缺点进行了很好的分析。

机器学习技术越来越多地被应用于搜索和学习用于任何特定问题的数据整理转换。人工理解数据属性和机器学习相辅相成，使得更多的用户群体可以在更短的时间内理解数据。

## 8.4.2 分析转换模式

该模式侧重于在生产规模上对数据应用整理转换。除了编程之外，常见的两种模式是可视化分析和拖拽式 ETL 定义框架。本节我们主要关注可视化分析，它主要用于数据整理。其他的转换模式是通用的，详见第 11 章。

可视化分析允许通过交互式系统来整理数据，这些系统集成了数据可视化、转换和验证等功能。该模式显著减少了规范化时间，并促进使用健壮的、可审计的转换，而不是手动编辑。该模式的工作原理如下：

1. 数据用户通过数据可视化交互来理解数据的属性。转换函数可以在数据挖掘过程中定义。

2. 可视化分析模式自动将转换函数映射到更广泛的数据集。根据用户输入，该工具学习可跨数据集应用的模式。

3. 这些转换会自动转换为可重复使用的 ETL 流程，这些流程按照调度计划持续运行，并定期进行数据加载。这种转换也可以应用于流式分析。

通过将交互式数据可视化和转换迁移到一个环境中，该模式从根本上简化了构建转换的过程。

为了说明这个模式，可以参见斯坦福的 Wrangler（*https://oreil.ly/k5w_q*）。Wrangler 是一个用于创建数据转换的交互式系统，它将可视化数据的直接操作与相关转换的自动推理结合，使分析人员能够反复地探索适用的操作空间，并预览其效果。Wrangler 利用语义数据类型来帮助验证和类型转换。交互式历史记录支持对转换脚本的审计、改善和注释。只需单击几次，用户就可以将 null 字段设置为特定的值，删除不必要或异常的数据，并对字段进行数据转换，使其归一化。

# 8.5 总结

原始数据并不总是可信的，也可能无法正确地代表事实，数据整理可以使数据变得有用。通过构建用于数据整理的自助服务框架，企业可以显著减少洞察耗时。整理服务通过集成数据可视化、转换和验证来实现流程自动化。

第 9 章

# 数据权限治理服务

完成数据整理后，我们准备构建洞察。还有一个额外的步骤，因为大部分用于提取洞察的数据都是直接或间接地从客户交互中收集的，所以如果数据集包含客户的详细信息，特别是 PII（如姓名、地址、社保号等），则企业需要确保数据的使用符合用户的数据偏好。目前，数据权限法规越来越多，如 GDPR（*https://oreil.ly/KsoJf*）、CCPA（*https://oreil.ly/LaVGj*）、Brazilian General Data Protection Act（*https://oreil.ly/K6dCp*）、India Personal Data Protection Bill（*https://oreil.ly/VZXG9*）等。这些法律要求根据客户的偏好收集、使用和删除客户数据。数据权限有以下不同的范畴。

*收集数据的权限*

　　对收集个人数据和收集的信息类别的知情权。

*使用数据的权限*

　　限制处理的权限（即数据的使用方式）；选择不出售个人信息的权利；向其出售信息的第三方的身份。

*删除数据的权限*

　　有权删除与应用程序共享的个人数据，以及与任何第三方共享的个人数据。

*获取数据的权限*

　　获取客户个人数据的权限；如果数据不准确或不完整，则有权更正；数据提取权，允许个人获取和重用个人数据。

确保合规性需要数据用户和数据工程师合作。数据科学家和其他数据用户希望有一种简单的方法来确定给定用例的所有可用数据，而不必担心违反合规性。数据工程师必须确保他们已经正确定位了所有的客户数据副本，并以全面、及时和可审计的方式来执行用户的权限。

正如第 1 章中提到的，合规性是一种平衡，既要利用洞察更好地服务于客户体验，又要确保数据的使用符合客户的意愿——没有简单的启发式解决方案。现在，数据治理有几个痛点。

第一，很难确保客户数据只用于正确的用例，因为这些用例变得越来越细粒度。数据用户必须了解哪些客户数据可以用于哪些用例。第二，在数据孤岛和缺少用户统一标识（特别是随着时间的推移而获得的标识）的情况下，跟踪适用的客户数据难度较大。如果没有和数据用户严格约定好的话，很难定位派生的数据。在这样的背景下，需要对原始数据、历史副本、派生数据和第三方数据集进行全面的目录整理。第三，执行客户数据权限请求必须及时和可审计，并且需要采取适当的措施来确保请求不是伪造的。此外，需要以一种可互操作的格式打包所有客户的个人数据，同时确保内部模式不会被逆向工程破解。

这些痛点会增加合规耗时，进而增加洞察耗时。因为首先需要识别可用的数据，所以新用例花费的时间会更长。还有一个持续的成本，因为各地新兴的数据法规需要不断地重新评估现有用例的可用数据范围。此外，数据工程团队需要花费大量时间来扩展，以支持数百万客户及其请求。

理想情况下，自助式数据权限治理服务能够跟踪数据的生命周期：数据在哪里生成、如何转换以及如何在不同用例中使用。该服务能够自动执行数据权限请求，并自动确保数据仅用于正确的用例。

# 9.1 路线图

数据是体验的根本，数据权限治理服务的所有阶段都需要数据：发现、构建、训练和部署后的优化。数据权限允许用户完全控制与任何企业共享的个人数据。因为客户可能会改变他们对不同用例使用数据的许可，所以治理服务的投入是持续的。企业（数据管控者）在运行其应用程序时，需要负责收集、管理和提供对客户数据的访问。如果企业使用第三方工具进行电子邮件营销、SEO 等服务，则这些服务的供应商就是数据处理者。管控者也负责在各处理者之间执行数据权限。

## 9.1.1 执行数据权限请求

客户可以要求强制执行数据权限，并且客户对执行其数据权限有不同的期望：

- 个人数据只应存储于有需要的地方。

- 个人数据应在被请求或关闭账户时删除。

- 个人数据只有在用户同意的情况下才可以处理。

如今，在大多数企业中，数据权限请求处理是半自动化的，并且涉及专门的数据工程师团队。要自动化这些请求，需要确定从客户那里收集哪些数据、如何识别这些数据、这些数据存储在哪些数据源和数据湖中、客户偏好是如何被持久化的、如何利用数据生成洞察、如何与合作伙伴共享用户数据，以及哪些用例处理生成的洞察的数据和沿袭。最后，数据工程师需要编写工作流来执行客户的请求。

## 9.1.2 数据集发现

从原始数据中产生的洞察的质量直接依赖于可用的数据。数据科学家、分析师和更广泛的用户需要了解哪些数据可用于给定的用例。特别地，数据用户希望分析尽可能多的数据，以提高模型的准确性，他们希望根据客户偏好尽快发现和访问可供分析的数据。今天的挑战是如何将这些细粒度的偏好持久化，这些偏好可以被视为客户的数据元素和不同用例的矩阵。对于每个用例，需要创建客户数据的过滤视图，并且需要在数据收集和数据集准备中建立逻辑，以便过滤用例的数据。

客户可能希望从特定用例中排除数据。例如，在 LinkedIn（*https://oreil.ly/JwxUG*）中，用户可能希望他们的个人资料数据被用于推荐新的联系，而不希望推荐工作。另外，客户的偏好可能没有得到充分尊重。考虑一个在线支付反欺诈的场景，在该场景中，法律调查可能需要访问已删除的数据记录来建立交易轨迹。

## 9.1.3 模型重新训练

客户数据权限偏好可能会不断更改。在刷新模型和其他洞察时，需要考虑这些偏好的更改。目前，模型训练会根据保留时间窗口逐步添加新样本进行训练，并丢弃旧样本。通常，这个问题可以通过粗粒度的软件协议来简化。另一种方法是在训练过程中屏蔽 PII 数据，从而免去丢弃数据的步骤。由于存在重新识别风险，屏蔽可能不是一个好办法。

# 9.2 最小化合规耗时

合规耗时包括跟踪数据生命周期和客户偏好、执行客户数据权限请求以及确保根据客户偏好使用正确数据等步骤花费的时间。

## 9.2.1 跟踪客户数据生命周期

这包括跟踪如何从客户处收集数据、如何存储和标识数据、如何持久化客户偏好、如何与第三方处理器共享数据，以及如何通过不同的管道转换数据。

目前，跟踪客户数据有两个关键的挑战。第一，客户有多个不同的 ID 标识，尤其是通过收购整合的企业产品。对于在服务之间共享数据，确定删除记录会影响哪些依赖的产品功能至关重要。第二，PII 数据需要采取适当级别的加密和访问控制。PII 数据需要根据对数据语义（而不仅仅是模式）的理解进行分类。

## 9.2.2 执行客户数据权限请求

该步骤包括执行与数据收集、使用、删除和访问有关的客户数据权限。除了数据管理挑战之外，最大限度地缩短执行客户请求的时间还面临一些挑战。第一，需要对请求进行验证，以防止欺诈性请求。这涉及识别用户并确保他们具有正确的权限来提交请求。第二，需要能够从所有数据系统中删除与客户关联的特定数据。鉴于存储格式是不可更改的，删除数据有些棘手，需要了解格式和命名空间组织。删除操作必须在保证合规性SLA的基础上异步地遍历数据集，这样才不会影响运行的作业的性能。无法删除的记录需要隔离，而且需要手动筛选异常记录。这种处理需要扩展到数十 PB 的数据以及第三方数据。第三，为了防止内部数据格式被逆向，需要确保在可移植性请求中不泄露知识产权秘密。

## 9.2.3 限制数据访问

限制数据访问包括确保根据客户的偏好将客户数据用于正确的用例。这需要了解用例需要什么数据元素、用例将生成何种类型的洞察，以及是否与合作伙伴共享数据。

将客户偏好匹配到用例需要复杂的访问策略。持久化使用偏好的元数据要能够适应细粒度的用例。元数据需要具有较好的性能，能够适应不断变化的客户偏好，并且每次都需要评估。例如，如果用户已经选择退出接收电子邮件营销，那么下一次发送电子邮件时应该排除该客户。

# 9.3 定义需求

实现数据权限治理服务没有捷径可走。在数据治理需求的背景中，企业在以下方面存在差异：

- 数据湖和事务型数据库系统中数据管理的成熟度。
- 不同垂直行业中企业的合规要求。
- 与数据分析和机器学习相关的用例类别。
- 用户偏好和数据元素的粒度。

## 9.3.1 当前痛点问卷

该问卷的目标是了解现有数据平台部署中的关键问题。评估以下几个方面。

*客户数据的标识*

客户数据是否跨数据孤岛，使用统一的主键标识？该键能标识跨事务性数据存储和数据湖中的客户数据。

*跟踪沿袭的能力*

对于原始数据派生的数据集，是否有跟踪如何派生数据的清晰沿袭？

*用例清单*

是否有对数据操作的所有用例的清晰清单？你需要了解每个用例使用的数据，尤其是了解用例是否有利于客户体验（例如，在其反馈中有更多的相关消息），而不是基于聚合客户数据来构建一个更好的整体预测模型。

*管理 PII 数据*

是否有明确的标准来识别属于 PII 的数据属性？是否有与屏蔽、加密和访问 PII 数据相关的清晰策略？

*速度和容量*

这与数据治理操作的规模有关。关键 KPI 是规范数据集的数量、客户请求的数量以及涉及删除和访问操作的系统的数量。

## 9.3.2 互操作检查表

治理服务需要与现有系统一起工作。以下是在互操作性方面需要考虑的关键构建块（如图 9-1 所示）。

*存储系统*

S3、HDFS、Kafka、关系数据库、NoSQL 存储等。

*数据格式*

Avro、JSON、Parquet、ORC 等。

*表管理*

Hive、Delta Lake、Iceberg 等。

*处理引擎*

Spark、Hive、Presto、TensorFlow 等。

*元数据目录*

Atlas、Hive Metastore 等。

*第三方数据处理器*

电子邮件活动管理工具、客户关系管理系统等。

图 9-1：数据治理服务的互操作性需要考虑的主要系统（来自 Databricks（*https://oreil.ly/x7uV0*））

## 9.3.3 功能性需求

数据治理解决方案需要具备以下特性。

- 当不再需要个人数据或同意撤回个人数据时，从备份或第三方中删除它们。你需要能够从所有系统中删除特定的数据子集或与特定客户相关的所有数据。

- 管理客户对要收集的数据的偏好、行为数据跟踪、数据用例和通信。不要出售数据偏好。

- 发现违规，例如包含 PII 的数据集、非法访问特定数据用户或特定用例的高等级保密数据。另外，发现还没有在 SLA 中清除的数据集。

- 根据用户角色和权限验证数据权限请求。

- 支持不同级别的访问限制。这些范围包括：基本限制（访问数据集是基于业务需求）、默认隐私数据（默认情况下用户不应该访问 PII 数据）、经许可访问（只有经过用户同意才能访问的特定用例数据属性）。

## 9.3.4 非功能性需求

以下是在设计数据权限治理服务时应考虑的一些关键非功能性需求。

*直观的数据可移植性*

　　当客户请求数据时，以易于获取和广泛适用的可读格式提供数据。

---

*能够处理突发的请求*

SaaS 应用程序可能拥有数百万个客户。服务应该能够处理突发的客户请求，并及时完成这些请求。

*直观地为客户执行数据权限*

客户应该能够容易地发现如何执行数据权限。

*系统的可扩展性*

随着新的功能模块被添加到平台中，数据权限治理服务应该能够轻松地实现互操作。

# 9.4 实现模式

与现有的任务图对应，数据权限治理服务的自动化程度分为三个级别，每个级别都对应将目前手工或效率低下的任务组合自动化（如图 9-2 所示）。

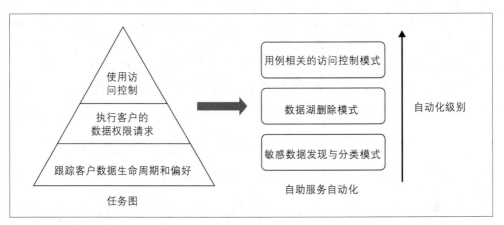

图 9-2：数据权限治理服务的不同自动化级别

## 9.4.1 敏感数据发现与分类模式

该模式发现客户敏感数据并对数据进行分类，目标是使组织能够定位和标记其最敏感的数据（包含 PII 数据或商业机密数据），以便正确执行客户数据权限。数据发现是定位用户数据存储位置，并检测敏感 PII 数据以确保数据权限合规的过程。分类是对数据进行逻辑标记，以给出上下文和理解信息类型的过程。例如，包含社会保障详细信息的表可以有效地标记为 PII 数据，并给予风险评分来表示敏感数据。作为发现和分类的一部分，该模式有助于检测违反用户偏好的数据使用案例。该模式的例子包括 Amazon Macie（*https://oreil.ly/b7esZ*）和 Apache Atlas（*https://oreil.ly/vr3AY*），是基于沿袭的分类。

该模式的工作原理如下：

- 数据发现守护进程收集了数百个关于每个数据字段的数据点值，并提取数据指纹（指纹是每个字段中包含的值的近似值，可以方便地用于查找类似的字段）。
- 机器学习算法（例如聚类算法）可以对相似的字段进行分组——通常有数百个字段，包括数据的派生字段。
- 当数据字段在元数据目录中被分类时，标签会在所有其他字段中传播。当数据用户被动地用标签或通过添加缺失或错误的标签来训练数据目录时，机器学习可以从这些操作中学习，并不断提高识别和准确标记数据的能力。

我们以 Amazon Macie 为例来说明这一点。Amazon Macie 使用机器学习来实现自动发现、分类和保护 AWS 中的敏感数据。Macie 理解数据并跟踪数据访问（如图 9-3 所示）。Macie 可以识别 PII 数据、源代码、SSL 证书、iOS 和 Android 应用程序签名、OAuth API 密钥等敏感数据，根据内容、正则表达式、文件扩展名和 PII 分类器对数据进行分类。此外，Macie 提供了一个内容类型库（*https://oreil.ly/jTd2z*），每个类型都有一个指定的灵敏度等级分数。Macie 支持多种压缩和存档文件格式，如 bzip、Snappy、LZO 等，能持续监控数据访问活动的异常情况，并生成告警。它应用了用户权限模式，这些模式与用户可以访问哪些数据对象及其内容可见性（个人数据、凭证、敏感性）相关，并且可以识别过度许可数据和未经授权的访问内容的访问行为。

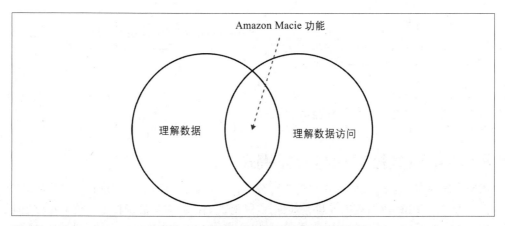

图 9-3：Amazon Macie 功能结合了对数据的理解和对数据访问的跟踪

为了演示标签传播的模式，请参考 Apache Atlas 的示例（*https://oreil.ly/ITcfs*）。分类传播使得与数据实体（如表）相关联的分类能够根据数据沿袭自动与其他相关实体关联。例如，对于一个被分类为 PII tag 的表，所有从该表派生数据的表或视图也将自动被分类为 PII 数据。分类传播是由用户进行策略控制的。

## 9.4.2 数据湖删除模式

该模式主要用于在数据湖中删除与客户关联的数据。事务性数据存储中的数据接入数据湖中用于下游分析和洞察。为了满足合规性要求，客户的删除请求需要确保从原始数据集和派生数据集以及数据湖中的所有数据副本中删除数据。在高层次上，该流程的工作原理如下：

- 当收到客户的删除请求时，它会在事务源中被软删除。

- 在接入过程中，删除与客户相关的记录。考虑到数据格式的不可变性，删除会导致大量的写操作（即读取所有记录并重写）。删除记录也被发送到第三方处理器。

- 对于历史分区，删除是通过批处理的异步进程处理的。多个客户的删除记录在单独的表中进行跟踪，并在批处理操作中批量删除，同时仍然确保合规性 SLA。

我们以 Apache Gobblin 为例说明这个过程。Gobblin 跟踪与数据关联的 Hive 分区。在从事务性源表接入期间，如果需要清除客户数据，那么在接入管道的合并过程中将删除对应的记录。这也适用于流式处理。数据湖中的历史数据记录的清理可以通过 API 触发。例如，在开源项目 Delta Lake 中，vacuum（*https://oreil.ly/niVKY*）命令用来删除历史记录。

为了说明如何管理第三方处理器，OpenDSR（*https://oreil.ly/5rX1v*）规范为数据控制器和处理器定义了一种通用的方法，用于构建可互操作的系统，以跟踪和完成数据请求。该规范提供了定义良好的 JSON 规范，支持 erasure、access 和 portability 请求类型。它还提供对请求收据的强大加密验证，以提供处理保证链并向监管机构证明责任。

## 9.4.3 用例相关的访问控制

该模式的目标是确保根据客户的偏好将数据用于适当的用例。数据用户在提取洞察时不应该担心违反与数据使用相关的合规性。客户可能希望他们的数据的不同元素用于特定的用例。客户的偏好可以看作一个位图（如表 9-1 所示），它具有不同的数据元素（比如用户信息、位置、点击流活动等），这些数据元素允许用于不同的用例，比如个性化、推荐等。这些偏好不是静态的，需要尽快执行。例如，数据营销活动模型应该只处理已经同意接收邮件的电子邮件地址。

表 9-1：应用程序中允许根据客户偏好用于不同用例的数据元素的位图

| 数据元素 | 用例 1 | 用例 2 | 用例 3 |
|---|---|---|---|
| 电子邮件地址 | 是 | 否 | 是 |
| 客户支持聊天 | 是 | 否 | 否 |
| 用户输入的数据 | 是 | 是 | 否 |
| … | … | … | … |

有两种主流的方法来实现这个模式。

*带外控制*

> 通过对文件、对象、表和列的细粒度访问控制来实现。基于与数据对象关联的属性，将访问限制在与具体用例相对应的团队。

*带内控制*

> 通过访问时从底层物理数据动态生成的逻辑表和视图来实现。

实现带内访问控制需要大量的工程投入，在现有客户端和数据存储之间引入一个中间控制层。带内控制更加细粒度、更加可靠，可以对不断变化的客户偏好快速做出反应。

我们通过介绍 Apache Atlas 和 Ranger 来说明带外控制。Atlas 提供元数据管理和数据资产目录治理能力，允许用户为数据实体定义元数据和标签的目录。Ranger 提供了一个集中式安全框架，它根据为数据实体定义的属性控制访问权限，还能对数据进行屏蔽或行过滤，定义基于列级或行级属性的访问控制。图 9-4 展示了一个例子，根据 Atlas 中的分类，数据集对支持团队具有不同的可见性，并在访问过程中由 Ranger 执行。带外控制模式的另一个例子是 AWS Data Lake Formation（*https://oreil.ly/G6g5d*），它在 AWS Redshift、EMR、Glue 和 Athena 等 AWS 服务中执行访问策略，确保用户只看到他们有访问权限的表和列，包括记录和审计所有的访问。

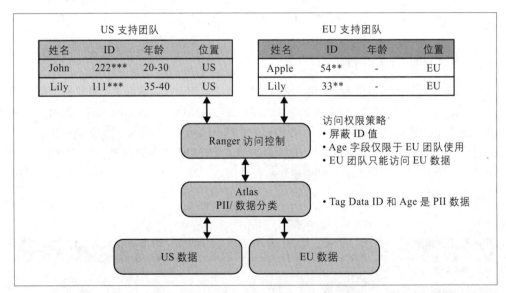

图 9-4：在 Apache Ranger 中，使用在 Apache Atlas 中定义的策略进行带外控制的示例（来自 *Hands-On Security in DevOps*（*https://oreil.ly/fn-V2*））

我们通过介绍 LinkedIn 的 Dali（*https://oreil.ly/W-67Q*）项目来说明带内控制模式。Dali 的设计原则是像对待代码一样对待数据。它为 Hadoop 和 Spark 以及流平台提供了一个逻辑数据访问层。可以通过多个外部模式来使用物理模式，包括应用关联、过滤器和其他转换跨多个数据集来创建逻辑扁平视图（如图 9-5 所示）。给定数据集及其元数据和用例，可以生成数据集和列级转换（掩码、混淆等）。数据集会自动加入成员隐私偏好，过滤掉未授权的数据元素。Dali 还可以与 Gobblin 结合使用，根据挂起的客户删除请求来动态地清除数据集。在系统内部，Dali 包含一个用于定义和演进物理数据集和虚拟数据集的目录，以及一个面向应用程序记录的数据集层。数据用户提交的查询被无缝地转换，以利用 Dali 视图。为此，通过 Apache Calcite 将 SQL 转换为独立于平台的中间表示。视图的 UDF 使用开源的 Transport UDF API，可以在 Spark、Samza 和其他框架上无缝运行。目前正在进行的工作（*https://oreil.ly/-eVbn*），以智能地具体化视图和查询重写的方式来使用具体化视图。

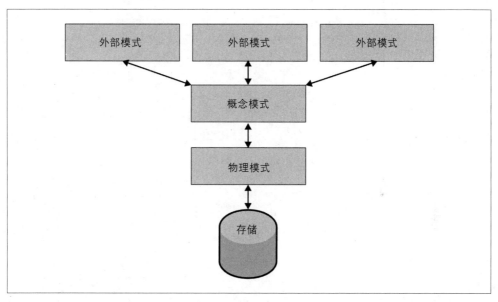

图 9-5：Dali 的基于代码的物理模式转换为多个特定于用例的外部模式（来自 Databricks（*https://oreil.ly/uy-KJ*））

## 9.5 总结

数据治理是一个平衡的过程，既要更好地提供具有洞察力的客户体验，又要确保数据的使用符合客户的要求。对于拥有大量 SaaS 客户的企业来说，数据治理服务必不可少。

# 第三部分

# 数据构建自助服务

第 10 章

# 数据虚拟化服务

数据准备就绪后，就可以开始编写生成洞察的处理逻辑了。为了有效地设计处理逻辑，需要考虑大数据部署的三个趋势。第一是与数据集相关联的多语言数据模型。例如，图数据最好持久化在图数据库中，并提供查询服务。同样，还有键－值型、宽－列型、文档等其他模型。多语言持久化既适用于数据湖，也适用于应用程序事务型数据。第二，查询引擎和数据存储持久化的解耦允许不同的查询引擎对数据湖中持久化的数据运行查询。例如，短时的交互式查询在 Presto 集群上运行，而长时间运行的批处理查询在 Hive 或 Spark 上运行。通常，为不同的查询工作负载组合配置多个处理集群，选择合适的集群类型是关键。第三，对于越来越多的用例（如实时 BI），需要实时关联数据湖的数据和应用程序中的数据。随着洞察的生成变得越来越实时，有必要将数据湖中的历史数据与应用程序数据存储中的实时数据结合起来。

鉴于这些趋势，数据用户需要跟上不断变化的技术环境，获得不断发展的数据模型和查询引擎的专业知识，并有效地跨孤岛连接数据。这会出现一些痛点。首先，由于数据持久化在数据湖中的多语言数据存储以及应用程序数据源中，编写查询时需要针对特定数据存储使用不同方言，因此形成了学习曲线。其次，需要将不同数据存储的数据合并到一个查询中。先聚合数据并将其转换为规范化形式，然后再进行查询的方法不能满足越来越多的实时分析需求。最后，选择合适的查询处理集群。数据用户需要选择合适的查询引擎和处理集群，不同的处理集群在配置上会有不同的优化，比如针对 SLA 工作负载、即席、测试等因素。通过解耦架构，可以根据数据基数、查询类型等选择不同的查询引擎对数据执行查询。

理想情况下，对于关联的底层数据存储和集群相关的细节，数据虚拟化服务应该将其隐藏。如果数据用户提交一个类似 SQL 的查询，服务会自动将查询在数据存储间进行联合查询，并根据数据存储的特定原语优化查询语句。另外，合适的查询处理引擎集群会考虑查询的属性。通过自动化处理特定数据存储的查询细节，可以减少数据用户查询作业的时间。考虑到定义查询的迭代特性，这将极大减少洞察耗时。

# 10.1 路线图

查询虚拟化服务适用于数据的所有阶段（发现、准备、构建和操作阶段）。

## 10.1.1 探索数据源

在发现阶段，访问驻留在应用程序多语言存储区、仓库和数据湖中的数据以理解和迭代所需的数据属性，可以进行理解和迭代。数据可以有不同的形式：结构化、半结构化和非结构化。虽然结构化关系数据已经相当成熟，但半结构化数据模型并不常见，并且具有学习曲线。这会降低迭代速度，影响洞察耗时。在某些情况下，运行探索性查询会影响应用程序中数据服务的性能。

跨多个孤岛查询和连接数据的能力也适用于操作阶段。随着应用程序以微服务形式开发，多语言数据存储（如销售数据、产品数据和客户支持数据）越来越多。构建跨数据孤岛实时连接的模型或仪表盘非常重要。如今，首先在数据湖中聚合数据，这对于实时需求来说可能不可行。相反，假设有一个逻辑数据库包含所有孤岛存储，数据用户就能够以单个命名空间的形式访问数据。

## 10.1.2 选择处理集群

通过解耦查询引擎和数据持久化，同一数据可以使用不同的查询引擎运行在不同的查询集群上进行分析。数据用户需要跟踪不同的集群并选择合适的集群，这些集群在配置（针对长期运行的内存密集型查询与短期运行的计算查询进行优化）、预期用例（测试与以 SLA 为中心）、分配给业务组织等方面都有所不同。由于查询处理引擎的数量越来越多，所以选择最合适的集群是一项挑战。另外，根据查询的属性选择合适的引擎需要一定的专业知识。最后，处理集群的选择还需要考虑负载均衡等动态属性，以及蓝绿部署等维护计划。

# 10.2 最小化查询耗时

查询耗时是开发查询所花费时间的总和，包括跨多语言数据存储访问数据并选择处理环境来执行查询。花费的时间分为以下几类。

## 10.2.1 选择执行环境

如前所述，为支持不同的查询属性需要配置多个处理集群。选择执行环境涉及根据查询类型将查询路由到合适的处理集群。这需要跟踪现有环境及其属性清单、分析查询属性，并监控集群上的负载。挑战在于跟踪集群清单、持续更新集群的当前状态以获得负载和可用性，以及在无需用户更改的情况下透明地路由请求。

## 10.2.2 制定多语言查询

数据通常分布在关系数据库、非关系数据存储和数据湖中。有些数据可能是高度结构化的，并且存储在 SQL 数据库或数据仓库中。其他数据可能存储在 NoSQL 引擎中，包括键－值存储、图数据库、分类数据库或时间序列数据库。数据也可能驻留在数据湖中，以可能缺少模式或可能涉及嵌套或多个值（例如，Parquet（*https://oreil.ly/sDN7H*）和 JSON）的格式存储。每种不同类型和风格的数据存储可能适合特定的用例，但是每种类型的数据存储都有自己的查询语言。多语言查询引擎、NewSQL 和 NoSQL 数据存储提供半结构化的数据模式（通常基于 JSON）和相应的查询语言。由于缺乏正式的语法和语义、习惯性的语言结构，所以语法、语义和实际功能的巨大差异会带来问题——很难理解、比较和使用这些语言。

此外，查询语言和数据存储格式之间存在紧密耦合。如果需要将数据更改为其他格式或需要更改查询引擎，则必须更改应用程序和查询代码。这将是提升数据使用的敏捷性和灵活性的一大障碍。

## 10.2.3 跨孤岛连接数据

数据存储在多个多语言数据存储源中。对于孤岛数据源的查询，首先需要在数据湖中聚合数据，如果考虑到实时性要求，这可能无法满足需求。如今的挑战是平衡应用程序数据存储上的负载与来自分析系统的流量。传统查询优化器需要考虑基数和数据布局，这很难跨数据孤岛实现。通常，应用程序数据存储的数据会缓存成物化视图，以支持重复查询。

# 10.3 定义需求

数据虚拟化服务具有多个自助服务自动化级别。本节介绍当前的自动化水平和服务部署的需求。

## 10.3.1 当前痛点分析

以下注意事项可以帮助你了解现状。

*数据虚拟化需求*

　　提出以下问题，以便了解自动化数据虚拟化的紧迫性：是否使用了多个查询引擎？

是否在数据湖或应用程序数据存储中使用多语言持久性？是否需要使用跨事务性存储？如果这些问题的答案不是"是"，那么实现数据虚拟化服务应该被列为较低的优先级。

*数据虚拟化的影响*

回顾以下注意事项，以量化实施数据虚拟化服务将对现有处理做出的改进：展示定义查询所花费的时间；查询运行和优化所需的平均迭代次数；不同多语言平台所需的专业知识；事件发生与分析之间时间差的平均处理延迟。另外，了解用户定义函数（UDF）能否很好地用在查询处理中（它们通常无法正确匹配虚拟化引擎）。

*应用程序数据存储隔离的必要性*

数据虚拟化将查询推送到应用程序数据源。以下是关键的考虑因素：应用程序存储的当前负载以及应用程序查询的速度减慢情况；由于数据存储性能而导致的应用程序性能与现有 SLA 冲突；应用程序数据的变化率。对于应用程序数据存储饱和或数据快速变化的情况，可能无法实施数据虚拟化策略。

## 10.3.2 操作要求

自动化需要考虑当前的处理和技术要求，因此部署会有不同：

*与已部署技术的互操作性*

核心考虑因素是不同的数据模型和数据存储技术能够在数据湖和应用程序中将数据持久化。支持的查询引擎和编程语言对应于数据存储。

*可观测性工具*

数据虚拟化服务需要与现有的监控、告警和调试工具集成，以确保可用性、正确性和查询 SLA。

*速度和容量*

在设计数据虚拟化服务时，需要考虑要处理的并发查询的数量、处理的查询的复杂性以及可容忍的实时分析延迟。

## 10.3.3 功能性需求

数据虚拟化服务的主要功能包括：

- 自动将查询路由到正确的集群，而无需任何客户端更改。路由基于跟踪静态配置属性（如集群节点数和硬件配置，即 CPU、磁盘、存储等）以及现有集群上的动态负载（平均等待时间、查询执行时间分布等）。

- 简化了对存储在多语言数据存储中结构化、半结构化和非结构化数据的查询方法。

- 联合查询支持连接驻留在数据湖中不同数据存储和应用程序微服务之间的数据。此外，它还可以限制推送到应用程序数据存储的查询数量。

### 10.3.4 非功能性需求

以下是在设计数据虚拟化服务时应考虑的一些关键非功能性需求。

*可扩展性*

服务应该是可扩展的，以适应不断变化的环境，并且能够支持新的工具和框架。

*成本*

虚拟化计算成本很高，降低成本至关重要。

*可调试性*

在虚拟化服务上开发的查询应该易于监控和调试，以确保大规模运行的生产部署的正确性和性能优化。

## 10.4 实现模式

对应于现有的任务图，查询虚拟化服务的自动化程度分为三个级别。每个级别对应将目前手动或效率低下的任务组合自动化（如图 10-1 所示）。

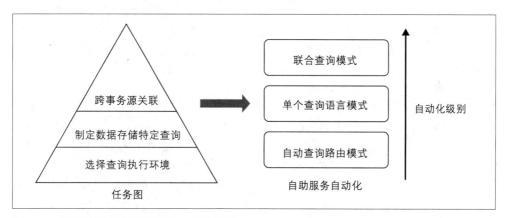

图 10-1：数据虚拟化服务的不同自动化级别

*自动查询路由模式*

简化为作业选择正确工具相关的任务。这种模式隐藏了为查询选择正确的处理环境的复杂性。

*单个查询语言模式*

简化与在结构化、半结构化和非结构化数据上编写查询语句相关的学习曲线。

*联合查询模式*

简化与跨源连接数据相关的任务。该模式提供了可以使用单个查询引擎访问的单个查询引擎。

# 10.4.1 自动查询路由模式

此模式的目标是自动将查询路由至处理集群，数据用户只需提交作业到虚拟化服务。路由模式会考虑查询和集群属性以及当前的集群负载。换句话说，这种模式是查询和可用的处理集群之间的匹配器。

该模式的工作原理如下：

- 处理中的作业被提交到作业 API。需要明确作业属性，例如作业类型（Hive、Presto、Spark）、命令行参数和文件依赖设置。

- 数据虚拟化服务为每个提交的作业生成一个自定义运行脚本。运行脚本允许作业在运行时选择的不同处理集群上运行。

- 根据当前负载情况和其他属性，选择一个集群来执行作业。请求被提交到作业协调器服务中执行。查询路由模式不涉及集群扩展或作业调度。换句话说，该模式的重点是在符合用户作业需求的集群上启动作业来完成用户的任务。

Netflix 的 Genie（*https://oreil.ly/LQkQM*）是一个开源实现的例子。这种模式的变体已在 Web 2.0 公司（如 Facebook）内部实施，分析查询的数据基数和复杂性，短时间运行的交互式查询被路由到 Presto 集群，而长时间运行的资源密集型查询在 Hive 集群上执行。

Genie 是 Netflix 启动的一个项目，旨在简化查询的路由。它允许数据用户以及各种系统（调度器、微服务、Python 库等）提交作业，而不必真正了解集群本身。执行单元是单个 Hadoop、Hive 或 Pig 作业。数据用户通过提供集群名称/ID 或属性（如生产库还是测试库）来指定 Genie 要选择的处理集群的类型（如图 10-2 所示）。Genie 节点使用适当的应用程序库为每个作业创建一个新的工作目录，准备所有依赖项（包括所选集群的 Hadoop、Hive 和 Pig 配置），然后从该工作目录中分离 Hadoop 客户端进程。Genie 会返回一个 Genie 作业 ID，客户端可以使用它来查询状态和获取输出 URI，在作业执行期间和执行之后都可以浏览。Genie 有一个 Leader 节点，它会执行一些任务，包括清单清理、僵尸任务检测、磁盘清理和作业监控。通过 Zookeeper 或通过属性将单个节点静态设置为 Leader 来支持 Leadership election[编辑注1]。

---

编辑注 1：　领导选举，可以简单地理解为对进程、对象等授予权限。

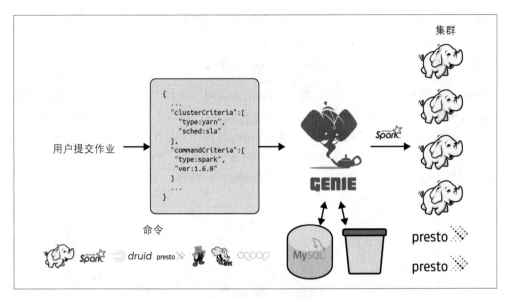

图 10-2：Genie 将用户提交的作业路由到适当的处理集群（来自 InfoQ（ *https://oreil.ly/ TW2KO*））

随着查询处理配置的日益复杂，查询路由模式对于隐藏底层复杂性（尤其是在大规模场景中）变得越来越重要。该模式的优点是透明路由，它兼容了静态配置和动态负载属性。缺点是路由服务可能成为瓶颈或单一饱和点。

## 10.4.2 统一查询模式

此模式注重统一的查询语言和编程模型。数据用户可以在不同数据存储的结构化、半结构化和非结构化数据中使用统一的方法。该模式在 PartiQL（一种统一并且类似 SQL 的查询语言）、Apache Drill（半结构化数据的编程模型）和 Apache Beam（一种用于流式处理和批处理的统一编程模型）中进行了说明。

PartiQL（ *https://partiql.org/* ）是一种兼容 SQL 的查询语言，可以轻松高效地查询数据，无论数据存储在哪里或以何种格式存储（如图 10-3 所示）。PartiQL 可以处理来自关系型数据库（包括事务型数据库和分析型数据库）的结构化数据、开放数据格式（如 Amazon S3）中的半结构化数据和嵌套数据，以及 NoSQL 或文档数据库中的无模式数据，这些数据允许不同行具有不同的属性。

PartiQL 具有最少的 SQL 扩展，可以对结构化、半结构化和嵌套数据集的组合进行直观的过滤、连接、聚合和窗口化。PartiQL 数据模型将嵌套数据作为数据抽象的基本部分，提供语法和语义，全面准确地访问和查询嵌套数据，同时自然地与 SQL 的标准特性相结合。PartiQL 不需要数据集上预定义模式，其语法和语义独立于数据格式，也就是说，查询语句在 JSON、Parquet、ORC、CSV 或其他格式的底层数据上是完全相同的。查询是在一个全面的逻辑类型系统上操作的，这个系统可以映射到不同的底层格式。另外，PartiQL 的语法和语义并不与特定的底层数据存储绑定。

在过去，语言解决了一部分需求。例如，Postgres JSON 与 SQL 兼容，但并没有将 JSON 嵌套数据视为一等数据。半结构化查询语言将嵌套数据视为一等数据，但允许偶尔与 SQL 不兼容，或者甚至看起来不像 SQL。PartiQL 是一个干净、基础良好的查询语言，它非常接近 SQL，并且可以处理嵌套数据和半结构化数据。PartiQL 利用了数据库研究界的工作成果，即 UCSD 的 SQL++（*https://oreil.ly/LMhdj*）。

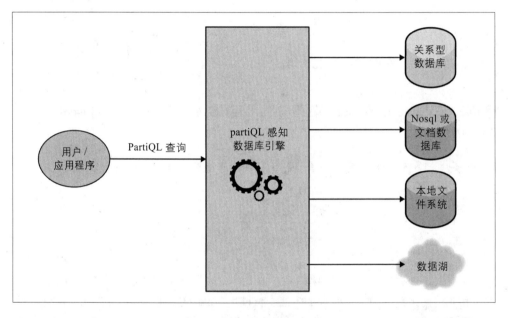

图 10-3：PartiQL 查询与数据库无关，在多种数据格式和模型上运行（来自 AWS 开源博客（*https://oreil.ly/qPexz*））

Apache Drill（*http://drill.apache.org*）是 SQL 的直观扩展示例，可以轻松查询复杂数据。Drill 的特点是采用了 JSON 数据模型，可以对嵌套数据以及在现代应用程序和非关系型数据存储中常见的快速演变的结构进行查询。Drill（受 Google Dremel 的启发）允许用户探索、可视化和查询不同的数据集，而不必使用 MapReduce 例程或 ETL 来修复模式。使用 Drill，只需在 SQL 查询中提供 NoSQL 数据库、Amazon S3 bucket 或 Hadoop 目录的路径，即可查询数据。与传统的 SQL 查询引擎不同，Drill 在使用中定义模式，以便用户可以直接查询数据。使用 Drill 时，开发人员不需要像 Hive 那样编写和构建应用程序来提取数据，数据用户可以使用普通的 SQL 查询语句从任何数据源以任何特定格式获取数据。Drill 使用分层列式数据模型，将数据视为一组表来处理，而不管数据实际的建模方式。

Apache Beam（*https://beam.apache.org*）统一了批处理和流式处理。它是一个开源的统一模型，用于定义批处理和流式处理的数据并行处理管道。数据用户使用其中一个开源 Beam SDK 来构建定义管道的程序。然后，该管道通过 Beam 的一个分布式处理后端来执行，这些后端包括 Apache Apex（*https://oreil.ly/lgOwh*）、Apache Flink（*https://oreil.ly/veoIk*）、Apache Spark（*https://oreil.ly/stk81*）和 Google Cloud Dataflow（*https://oreil.ly/B9wAN*）。

## 10.4.3 联合查询模式

联合查询模式允许连接驻留在不同数据存储中的数据。数据用户编写查询语句来操作数据，无须暴露各个数据存储的底层复杂性，也不用先将数据物理地聚合到一个存储库中。查询处理是在幕后联合的，从各个存储中获取数据、连接数据，并生成最终结果。用户操作数据时假设数据在单一的大型数据仓库中可用。例如，连接 MongoDB 中的用户资料集合与 Hadoop 中的事件日志目录，或者连接存储在 S3 中的网站文本流量日志与 PostgreSQL 数据库，以统计每个用户访问该站点的次数。该模式是由 Apache Spark、Presto 等查询处理引擎以及一些商业和云产品实现的。

大体上，该模式的工作原理如下：

- 第一步是将查询转换为执行计划。优化器（*https://oreil.ly/TpM0q*）基于对操作语义和数据结构的理解，编译执行的物理计划。

- 作为计划的一部分，通过智能决策来加快计算速度，例如通过谓语下推（predicate pushdown）。过滤谓语被下推到数据源中，使物理计划执行时能够跳过不相关的数据。在 Parquet 文件的情况下，可以跳过整个块，并且可以通过字典编码将字符串比较转换为更高效的整数比较。在关系型数据库中，谓语下推到外部数据库中以减少数据流量。理想情况下，大多数处理应该发生在靠近数据存储源的位置，以利用涉及存储的能力来动态消除不需要的数据。

- 数据存储中的响应经聚合和转换后生成最终的查询结果，该结果可以被写回数据存储中。通过适当的失败重试以确保数据的正确性。

该模式的实现案例是 Spark 查询处理引擎。Spark SQL 查询可以同时访问多个表，以便同时处理每个表的多行记录。这些表可以位于相同或不同的数据库中。为了支持不同的数据存储，Spark 实现了多个数据存储的连接器（*https://oreil.ly/sQksR*）。不同数据源的数据可以使用 DataFrame 抽象来连接。优化器将 DataFrame 构建为物理计划，以供执行的操作编译。在开始对 DataFrame 进行任何计算之前会创建一个逻辑计划。查询下推在数据存储中处理大型和复杂的 Spark 逻辑计划（全部或部分）来充分利用这些性能效率，从而使用数据存储来完成大部分实际工作。但下推并非在所有情况下都有效。例如，Spark UDF 不能下推到 Snowflake。

同样，Presto 也支持联合查询。Presto 是一个分布式 ANSI SQL 引擎，用于处理大数据即席查询。该引擎用于在联合数据源上运行快速的交互式分析，如 SQL Server、Azure SQL 数据库、Azure SQL 数据仓库、MySQL、Postgres、Cassandra、MongoDB、Kafka、Hive（HDFS、云对象存储）等。它可以在一个查询中访问多个系统的数据。例如，它可以连接存储在 S3 中的历史日志数据与存储在 MySQL 中的实时客户数据。

# 10.5 总结

虚拟化的概念抽象了底层处理的细节，为用户提供了系统的单一逻辑视图。它已经应用于其他领域，比如服务器虚拟化技术（容器和虚拟机抽象了物理硬件的底层细节）。同样，在大数据时代，数据存储技术和处理引擎没有通用的解决方案，数据用户应该关注如何跨数据源查询数据。他们应该能够将数据作为单个逻辑命名空间来访问和查询，而不用考虑底层数据持久化模型和查询引擎如何处理查询。

第 11 章

# 数据转换服务

到目前为止，在构建阶段，我们已经最终确定了处理多语言数据模型的方法，以及实现洞察逻辑所需的查询处理。在本章中，我们将深入讨论业务逻辑的实现，传统上业务逻辑通常遵循提取－转换－加载（ETL）或提取－加载－转换（ELT）的模式。

开发转换逻辑有几个关键的痛点。首先，数据用户是业务逻辑方面的专家，但是需要工程支持来大规模实现逻辑。也就是说，随着数据的指数级增长，需要分布式编程模型才能以可靠和高性能的方式实现逻辑。这通常会拖慢整个流程，因为数据用户需要向工程师解释业务逻辑，然后进行用户验收测试（UAT）。其次，构建实时业务逻辑转换器的需求越来越大。传统上，转换是面向批处理的，包括读取文件、转换格式、连接不同的数据源等。数据用户并不是演进编程模型的专家，尤其是在实时洞察方面。最后，在生产中运行转换需要持续的支持来跟踪可用性、质量、数据源的变更管理和处理逻辑。这些痛点减缓了转换过程。通常，转换逻辑不是从零开始构建的，而是作为现有逻辑的变体。

理想情况下，数据转换服务允许用户指定业务逻辑，且不需要具体的实现细节。在后台，服务将逻辑转换为高性能和可扩展的实现代码。该服务支持批处理和实时处理，并且实现了对可用性、质量和变更管理的监控。这减少了转换耗时，因为数据用户可以定义和版本控制他们的业务逻辑，而不必担心编写、优化、调试实际的处理代码。除了减少构建转换逻辑所需的时间外，该服务还减少了以高性能方式在生产中执行的时间，故可以在生产中大规模运行。

## 11.1 路线图

转换服务可以帮助数据用户完成与数据报告、用户故事、模型生成等相关的任务。与实现特定数据集功能（如填充缺失值、异常值检测和丰富数据）的数据整理相比，转换逻辑是由数据用户在解决问题的上下文中编写的,该逻辑通常随业务定义的变化而演变。

## 11.1.1 生产仪表盘和机器学习管道

数据分析师从数据中提取洞察,为关于营销漏斗、产品功能使用、注册和登录、A/B测试等的日常仪表盘生成业务指标。在与财务、销售、营销等利益相关者协作的基础上,形成了转换的业务逻辑。类似地,科学家为数据产品和业务流程开发了机器学习模型。这些管道通常按计划运行,并遵循严格的服务水平协议。如今,业务定义与实现代码混杂在一起,使得管理和更改业务逻辑变得很困难。

## 11.1.2 数据驱动的用户故事

企业正变得越来越受数据驱动,通过连接跨多个孤岛的数据并进行分析来做出决策。这些数据以不同的格式结构化、半结构化和非结构化存储在各种各样的数据存储中。例如,客户详细信息在一个孤岛中是平面文件,在另一个孤岛中是 XML 文件,而在另一个孤岛中是关系表。有时结构化的数据也可能设计得很差。用户故事需要在不同的数据存储中高效地处理大量不同格式的数据。随着数据量的增加,在无须分布式处理的情况下,处理可以运行数小时或数天。

# 11.2 最小化转换耗时

转换耗时包括实现、执行和操作业务逻辑转换的时间。

## 11.2.1 转换实现

转换逻辑的实现包括定义业务逻辑和编写转换逻辑代码。这包括适当的测试和验证、性能优化等。

有两个问题使这项工作具有挑战性并且耗时。第一,很难将逻辑的正确性与实现问题分开,即逻辑与实现混为一谈。新加入的团队成员无法理解和提取底层逻辑(以及做出这些选择的理由),这使得管理变得困难。第二,用户不是数据。在不同的系统中以可扩展的方式有效地实现原语(聚合、过滤器、groupby 等)存在一个学习曲线。为了提高生产效率,需要在低级和高级业务逻辑规范之间取得平衡——低级结构很难学习,而高级结构需要有适当的表达能力。

## 11.2.2 转换执行

转换执行包括几个任务。首先是选择合适的查询处理引擎。例如,查询可以在 Spark、

Hive 或 Flink 中执行。其次，转换逻辑可以以批处理或流式处理的方式运行，这需要不同的实现。最后，除了核心转换逻辑之外，执行还需要读取数据、应用逻辑并将输出写入服务数据库。数据需要以表、文件、对象、事件和其他形式使用。输出可以写入不同的服务存储。

这些挑战使得执行非常耗时。第一，处理技术过多，数据用户很难选择正确的查询处理框架。第二，与实时处理相反，很难对用于批处理的转换逻辑的不同版本进行一致的管理。第三，每当逻辑发生变化时都需要对逻辑进行数据回填。对于 PB 规模的数据，逻辑需要在增量处理更新方面很高效并且只应用于新数据。

## 11.2.3 转换操作

转换通常部署在遵循 SLA 的生产中。在生产中操作需要监控、告警和主动的异常检测，以防止发生数据质量故障。生产中的操作转换非常耗时，不容易区分进程是挂起还是执行缓慢，需要手动调试和分析。跨系统的元数据日志记录对于分析根本原因至关重要，并且需要针对不同的数据系统进行单独的日志解析。

# 11.3 定义需求

根据数据用户的技能、用例类型、构建数据管道的现有过程，转换服务的需求有所不同。本节有助于你了解服务的当前状态和部署需求。

## 11.3.1 当前状态调研问卷

与当前状态相关的考虑因素有三类。

*实现转换逻辑的当前状态*

关键指标包括修改现有转换逻辑的时间、验证实现正确性的时间以及优化新转换实现的时间。除了这些统计数据，还列出了数据湖中正在使用的数据格式。

*执行转换的当前状态*

关键指标包括需要实时转换的用例数量（而不是传统的、面向批处理的转换）、要读写的数据存储、现有的处理引擎、现有的编程模型（如 Apache Beam）以及平均并发请求数。

*操作转换的当前状态*

关键指标包括检测时间、生产问题的调试时间、SLA 违规事件的数量以及与转换正确性相关的问题。

## 11.3.2 功能性需求

功能性需求包括：

*自动转换代码生成*

数据用户需要明确转换的业务逻辑，无须担心实现的代码细节。

*批处理和流式处理的执行*

根据用例的需求，允许以批处理或流式方式运行转换逻辑。执行以高性能的方式大规模运行。

*增量处理*

能够记录历史调用中处理过的数据，并对新的增量数据应用处理。

*自动回填处理*

根据逻辑更改，自动重新计算度量。

*监控可用性和质量问题*

监控可用性、质量和变更管理。

## 11.3.3 非功能性需求

以下是在设计数据转换服务时应考虑的一些关键非功能性需求：

*数据连接*

ETL 工具应该能够与任何数据源通信。

*可扩展性*

能够根据不断增长的数据量和速度进行扩展。

*直观*

考虑到数据用户的广泛性，转换服务应该易于使用。

# 11.4 实现模式

与现有的任务图相对应，转换服务有三个自动化级别（如图 11-1 所示）。每个级别对应将目前手动或效率低下的任务组合自动化。

*基本实现模式*

简化转换逻辑的规范和实现方法，并根据不断变化的业务需求快速演进。

*执行模式*

统一转换逻辑的执行方法，允许基于新鲜度要求进行批处理和实时处理。

*操作模式*

无缝跟踪生产中的转换以满足 SLA。此模式提供监控和告警，以确保转换的可用性和质量。我们将在第 15 章和第 18 章中讨论该模式。

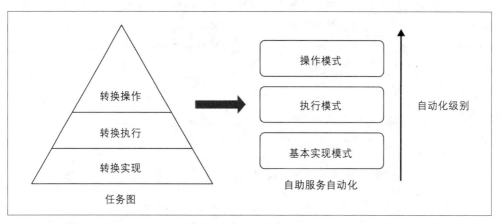

图 11-1：数据转换服务的不同自动化级别

## 11.4.1 基本实现模式

该模式旨在简化业务逻辑的实现。一般方法是让数据用户用标准转换函数（类似于乐高积木）的高级语言来定义逻辑。通过将逻辑规范与实际代码实现分离，这些规范易于管理、修改、协作和理解。对于数据用户来说，这种模式缩短了实现转换的时间，并确保了高质量。有多种可用的商业和开源解决方案，比如 Informatica PowerCenter（*https://oreil.ly/nfVKS*）、Microsoft SSIS（*https://oreil.ly/pNRI8*）、Pentaho Kettle（*https://oreil.ly/i25Jr*）、Talend（*https://oreil.ly/O27RK*）等。

这些解决方案的工作原理如下：

- 用户可以使用 DSL 语言或拖放式 UI 来指定转换逻辑。转换逻辑是根据标准化的构建块定义的，即提取、过滤、聚合等。规范是版本控制的，与代码分开管理。

- 规范将自动转换为可执行代码。代码考虑了特定的数据存储、处理引擎、数据格式等。生成的代码可以采用不同的编程语言或模型。

为了说明这一点，我们分别介绍了 Apache NiFi（用于基于 GUI 的转换）和 Looker 的 LookML（用于基于 DSL 的转换）。基于 GUI 的工具并不能很好地替代结构良好的转换代码，它们缺乏灵活性，而且在几种情况下，工具的局限性迫使用户采用黑客的方法来实现逻辑。

Apache NiFi (*https://nifi.apache.org*) 为了设计、控制和监视数据的转换，提供了一个丰富的、基于 Web 的 GUI（如图 11-2 所示）。NiFi 提供了 250 多个现成的标准化函数，主要分为三种类型：数据源（提取函数）、处理器（转换函数）和接收器（加载函数）。处理器可以增强、验证、筛选、连接、拆分或调整数据。可以在 Python、Shell 和 Spark 中添加其他处理器。在数据处理过程中，处理器实现了高并发，并且对用户隐藏了并发编程的内在复杂性。处理器同时运行并跨多个线程来处理负载。一旦从外部源获取数据，它将在 NiFi 数据流中表示为 FlowFile。FlowFile 基本上是指向带有相关元信息的原始数据的指针。处理器有以下三种输出。

**失败**

如果无法正确处理 FlowFile，则原始 FlowFile 将路由到此输出。

**原始**

处理完传入的 FlowFile 后，原始 FlowFile 将路由到此输出。

**成功**

成功处理 FlowFile 后，FlowFile 将路由到此输出。

其他类似于 NiFi 的 GUI 转换建模解决方案包括 StreamSets（*https://streamsets.com*）和 Matillion ETL（*https://oreil.ly/nlzEu*）。

Looker 的 LookML（*https://oreil.ly/SmJdc*）是一个基于 DSL 规范的例子，用于构造 SQL 查询。LookML 是一种描述维度、聚合、计算和数据关系的语言。转换项目是模型、视图和仪表盘文件的集合，并在 Git 仓库中进行版本控制。模型文件包含会使用哪些表以及如何将它们连接在一起的信息。视图文件包含有关如何计算每个表的信息（如果允许多表连接计算）。LookML 将结构与内容分开，因此查询结构（如何连接表）独立于查询内容（访问的列、派生字段、计算的聚合函数以及应用的过滤表达式）。与拖放式 UI 模型不同，LookML 提供了一个具有自动完成、错误高亮显示、上下文帮助和帮助修复错误的验证器的 IDE。此外，LookML 支持高级用户的复杂数据处理，具有不等式连接、多对多数据关系、多级聚合等功能。DSL 方法的其他示例包括 Airbnb 的指标 DSL（*https://oreil.ly/3pY-J*）和 DBFunctor（*https://oreil.ly/ia-vZ*），后者是一个利用了函数式编程和 Haskell 强类型系统的用于 ETL/ELT 数据处理的声明性库。

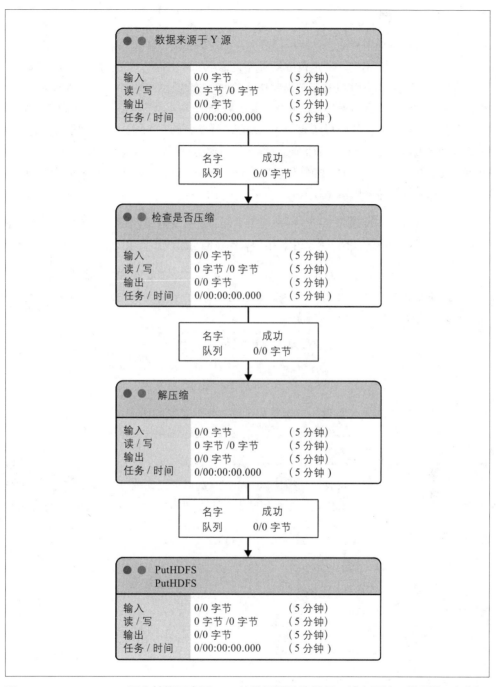

图 11-2：Apache NIFI 四步转换示意图——从数据源读取数据、检查压缩、解压缩、复制到 HDFS 中

# 11.4.2 执行模式

这些模式旨在使数据用户能够自助执行业务转换逻辑。执行模式在事件生成和事件处理时间之间的延迟有所不同，延迟范围从每天或每小时（使用批处理）到秒或毫秒（使用流模式）。在早期，Spark 中的流式处理是以微批处理的形式实现的，到了 Apache Flink 中，流式处理演变成按事件处理。此外，在大数据的早期，流式处理的逻辑是轻量级的计数和聚合，而重量级的分析功能是以批处理方式执行的。今天，批处理和流式处理之间的区别变得模糊，数据被视为事件，处理是时间窗口函数。Netflix 的 Keystone(*https://oreil.ly/cVf0M*) 和 Apache Storm（*https://storm.apache.org*）是自助式流式数据模式的示例，并将批处理视为流式处理的一个子集。

流式数据模式的工作原理如下：数据被视为事件。数据集是无界的，并使用窗口函数进行操作。对于批处理，数据（在表中）作为事件在消息总线上重放以进行处理：

* 数据在消息总线上表示为事件。例如，表的更新可以表示为将列的旧值更新成新值的更改数据捕获（CDC）事件。某些数据集（如行为数据）可以自然地视为事件。原始事件在存储中持久化以便重放。

* 转换逻辑可以对数据事件进行操作。转换可以是无状态的也可以是有状态的。无状态处理是独立处理每个事件，就像将原始 CDC 事件转换为业务对象时一样，例如创建客户、创建发票等。有状态处理跨事件进行操作，如计数、聚合等。

* 与传统的 ETL 类似，数据用户指定数据源、转换逻辑和输出（写入数据）。该模式自动执行、缩放、重试、回填以及与执行业务逻辑转换相关的其他任务。

Netflix 的 Keystone 平台（如图 11-3 所示）简化了从数据源读取事件、执行处理作业以及数据存储（将数据写入接收器）的过程。它还自动回填以处理逻辑更改，以及将批处理作为事件流运行来处理。因此，数据用户专注于业务逻辑而不用担心数据工程方面的问题。

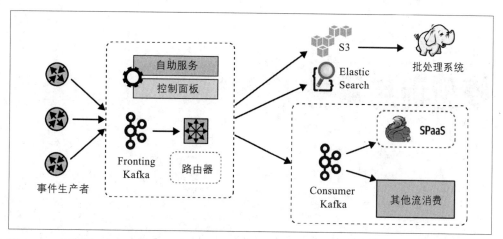

图 11-3：用于自助流式数据处理的 Netflix Keystone 服务（来自 Netflix 技术博客（*https:// oreil.ly/HUr_a*））

# 11.5 总结

在从原始数据中提取洞察的过程中，需要根据具有业务领域专业知识的数据用户定义的业务逻辑对数据进行转换。这些转换在逻辑上是唯一的，但大多由一组公共函数组成，如聚合、过滤、连接、拆分等。转换服务简化了在生产中构建、执行和操作这些转换的复杂任务。

# 第 12 章

# 模型训练服务

到目前为止，我们已经建立了用于生成洞察的转换管道，这些洞察可以为业务仪表盘提供信息，或者为应用程序提供处理后的数据以便与终端客户分享，等等。如果洞察是机器学习模型，则需要进行模型训练，这正是本章的内容。典型的数据科学家在训练过程中会探索数百个模型组合，以找到最准确的模型。探索包括尝试机器学习算法、超参数值和数据特征的不同排列组合。如今，在训练机器学习模型的过程存在一些挑战。首先，随着数据集大小不断扩大和复杂的深度学习模型数量不断增长，训练可能需要几天甚至几周的时间。同时，在由 CPU 和专用硬件（如 GPU）组成的服务器群中管理训练编排并非易事。其次，模型参数和超参数值的最优值的迭代调整依赖于暴力搜索。这需要实现模型自动调优，包括跟踪所有调优迭代及其结果。最后，对于数据不断变化的场景（例如，产品目录、社交媒体源等），需要对模型进行持续训练。用于持续训练的机器学习管道需要以自动化的方式进行管理，以便在没有人工干预的情况下持续地对模型进行重新训练、验证和部署。这些挑战减缓了训练过程，增加了训练时间。考虑到训练是一个迭代过程，训练时间的增加会成倍增加洞察耗时。如今，数据工程团队正在构建非标准的训练工具和框架，这些工具和框架最终会成为技术债。

理想情况下，通过部署前自动化训练和部署后持续训练，模型训练服务可以缩短训练耗时。对于部署前训练，数据用户指定数据特征、配置和模型代码，而模型训练服务利用特征存储服务并自动协调整个工作流来训练和优化机器学习模型。考虑到数据量不断增长，该服务通过使用分布式训练和迁移学习等技术来优化训练时间。对于持续训练，服务使用新数据来训练模型，与当前模型相比验证其准确性，并相应地触发新训练模型的部署。该服务需要支持多种机器学习库、工具、模型类型以及一次性训练和持续训练。自动化模型训练平台的主要例子包括谷歌的 TensorFlow Extended（TFX）（*https://oreil. ly/8ZKi5*）、Airbnb 的 Bighead（*https://oreil.ly/uRB3e*）、Uber 的 Michelangelo（*https:// oreil.ly/n_7g-*）、Amazon 的 SageMaker（*https://oreil.ly/kM5Dl*）和谷歌云的 AutoML（*https://oreil.ly/3WIPK*）等。

# 12.1 路线图

在模型部署到生产中之前，模型训练和验证是一个迭代过程，（如图 12-1 所示）。在构建阶段，根据训练结果，数据用户可以回到数据发现和准备阶段，探索不同的特征组合，以开发更精确的模型。本节总结了其中的关键场景。

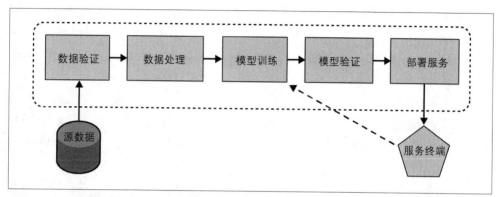

图 12-1：在模型部署的整个过程中进行模型训练和验证

## 12.1.1 模型原型设计

数据科学家探索不同的模型组合，包括特征组合、模型参数和超参数值，以找到解决业务问题的最佳模型（如图 12-2 所示）。对于每个组合，都会训练、验证模型并比较其准确度。训练涉及交叉验证，将数据集分成训练集和测试集（通常分为 70% 的训练集和 30% 的测试集）。首先使用数据样本的训练集对模型进行训练，然后使用测试数据集中的未知样本对模型进行评估。该过程的计算成本很高，通常需要对大型数据集进行多次拆分。训练模型是迭代的，收益递减。它一开始生成一个低质量的模型，并通过一系列的训练迭代来提高模型的质量，直到它收敛为止。这是一个包含试验和错误的反复过程，需要付出大量的人力和机器资源。记录原型设计中探索的组合过程有助于以后的调试和调优。

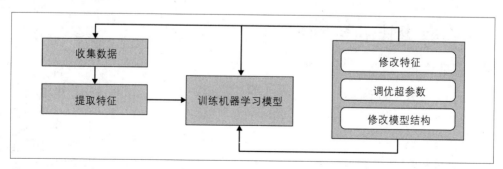

图 12-2：模型设计和训练的迭代性质

随着数据量的指数级增长和深度学习模型的复杂性，训练模型可能需要几天甚至几周的时间。考虑到训练作业成本很高，在实验环境中，数据用户通常更喜欢使用在短时间内训练的近似模型来进行初步验证和测试，而不是等待大量时间来获得一个经过更好训练但参数调优较差的模型。

## 12.1.2 持续训练

在模型部署到生产环境中之后，数据会不断变化。考虑到这些变化，数据科学家要么手动对新数据进行训练并部署模型，要么自动对新数据进行训练（比如每周一次），然后自动部署得到的模型。其目标是确保数据不断变化时获得最高的准确性。更新模型的一个极端例子是在线学习，它根据收到的每个请求更新一个模型，即服务模型就是训练模型。在线学习适用于行为变化迅速的环境，如产品目录、视频排名、社交订阅等。在重新训练期间，将新模型部署到生产环境中之前，需要以自动化的方式验证其质量并与现有模型进行比较。

在实践中，更常见的是批量更新模型，通过在更新前对数据和模型进行验证，以确保生产安全。机器学习管道每小时或每天更新一次模型。重新训练可以提高不同数据段的准确度。

## 12.1.3 模型调试

由于以下问题，模型在生产中可能表现不好：数据质量差、特征管道不正确、数据分布偏斜、模型过拟合等。另外，需要对模型生成的特定推理过程进行正确性核查。

在这些场景中，理解和调试模型变得越来越重要，尤其是对于深度学习。调试模型性能需要根据模型的依赖项来了解模型的沿袭，比如，它们是如何产生的，以及已经探索过的模型组合（考虑到探索和训练模型组合所需的大量时间）。数据科学家可以通过理解、调试和调优模型来实现模型可视化。

# 12.2 最小化训练耗时

训练之所以耗时，有以下两个原因：

- 数据集大小不断增长和深度学习模型的复杂性导致了模型的内在复杂性，这增加了每次训练迭代的时间。在模型训练中，选择正确的特征（特征工程）、模型参数值以及超参数值的过程是迭代的，这要求数据科学家具备必需的专业知识。

- 在训练和调优模型时，即席查询脚本命令可能会产生意外的复杂性。对于机器学习库、工具、模型类型和底层硬件资源的不同组合，模型的训练过程是非标准的且各不相同。

缩短训练耗时的重点是应用自动化以消除意外的复杂性。如今，模型在训练过程中所用的时间主要耗费在训练编排、调优和持续训练上。

## 12.2.1 训练编排

训练编排包括为模型特征创建训练数据集、为训练在异构硬件环境中分配计算资源，以及优化训练策略。这些任务很耗时。过去，训练是由数据科学家在单机上进行的。随着数据集大小不断增长，且训练可能需要几天甚至几周的时间，因此需要将训练分散到多台机器上。

创建训练数据集需要创建用于获取与模型中每个特征对应的训练数据的管道。如前所述，这可以利用特征存储服务（见第 4 章）实现自动化。训练中的资源分配需要利用 CPU 和 GPU 的底层硬件组合。不同的策略将训练任务分布在不同的内核上并聚合结果（类似于数据处理的 MapReduce 方法）。考虑到训练的迭代性质，不需要从头开始。优化技术（如迁移学习）利用自动化的方式加快训练过程。但如果碰到任务是手动的和非标准的情况，它们就会变成既耗时又不理想的方式。

## 12.2.2 调优

模型参数和超参数值通过调优来生成最准确可靠的模型。模型参数是学习属性，用于定义直接从训练数据（例如，回归系数和决策树分割位置）导出的单个模型。超参数表示算法的高级结构设置，例如，正则化回归中使用的惩罚强度，或随机森林中包含的树的数量。因为它们无法从数据中学习，为了将它们调整到最优模型中，调整值需要尝试不同的值组合，使用不同的策略来智能地探索不同组合的搜索空间，调整的时间因所应用的技术而有所不同。最后，在每次训练迭代结束时，使用各种度量来评估模型的准确度。

## 12.2.3 持续训练

模型需要根据数据的变化而不断更新。一个关键指标是模型的新鲜度（模型反映新数据的速度），这可以确保高质量的推理。持续训练有两种方式：在每个新样本上更新模型（称为在线训练）；通过创建数据滑动窗口定期更新模型，并使用窗口函数（类似于流式分析）重新训练模型。重新训练模型包括跟踪数据更改以及仅针对更改进行选择性迭代。这与每次训练迭代中从头开始的暴力形成明显对比。如今，作业编排框架不具备数据感知能力，无法只选择重新运行具有新数据的管道。

在实践中，更常见的是批量更新模型，在更新前对数据和模型进行验证，以确保生产安全。持续训练比较复杂且容易出错。一些常见的情况包括：

- 反馈数据点可能主要属于某一类别，导致出现模型倾斜问题。

- 学习率太高，导致模型忘记最近发生的一切（称为灾难性干扰）。

- 模型训练结果可能过拟合或欠拟合。比如出现分布式拒绝服务（DDoS）攻击这样的边缘案例，这可能会导致模型失控。同样，正则化可能太低或太高。

鉴于新数据的到达是高度不规则的，管道架构需要检测新输入的存在并相应地触发新模型的生成。如果新数据在预定的管道执行后出现，则连续管道不能有效地实现按预定的时间间隔（例如，每6小时一次）重复执行一次性管道，可能需要多个时间间隔才能生成新模型，这在生产环境中可能是不可接受的。

# 12.3 定义需求

模型训练服务应该是自助式的。数据用户需明确以下与训练相关的规范细节：

- 模型类型
- 模型和超参数值
- 数据源引用
- 特征 DSL 表达式
- 持续训练计划（如果适用）

该服务生成一个经过训练的模型，其中包含评估度量的详细信息，并为模型参数和超参数推荐最佳值。数据用户可以使用 Web UI、API 或 notebook 明确训练的详细信息并查看结果。对于高级用户，该服务可以选择性地支持与计算资源需求相关的选项，例如计算机数量、内存量、是否使用图形处理单元（GPU）等。

模型训练服务的需求分为三类：训练编排、自动调优和持续训练。

## 12.3.1 训练编排

对于数据用户使用的机器学习库和工具，没有通用的解决方案。训练环境和模型类型很多，模型训练环境既可以在云上，也可以在数据科学家的本地机器中。这些环境可以由传统的 CPU、GPU 和特定于深度学习的定制设计硬件（如 TPU）组成。

除此之外，还有各种针对不同的编程语言和模型类型的编程框架。例如，TensorFlow 是一个流行的深度学习框架，用于解决广泛的机器学习和深度学习问题，如图像分类和语音识别。它在大规模和异构环境中运行。其他框架示例包括 PyTorch、Keras、MXNet、

Caffe2、Spark MLlib、Theano 等。对于非深度学习，Spark MLlib 和 XGBoost 是最受欢迎的选择；对于深度学习，Caffe 和 TensorFlow 应用最为广泛。

不同的机器学习算法有不同的分类。在基于任务的分类法中，模型分为：

- 使用回归模型预测数量。

- 使用分类模型预测类别。

- 使用异常检测模型预测异常值、欺诈值和新值。

- 使用降维模型探索特征和关系。

- 使用聚类模型发现数据结构。

目前，一种流行的替代分类法是基于学习风格的分类法，它将算法分为有监督学习、无监督学习和强化学习。深度学习是有监督学习的变体，用于回归和分类。与大多数经过良好调优和具备特征工程的传统机器学习技术相比，深度学习因其更高的精准度更加受欢迎。模型的可理解性是机器学习生产部署的一个重要标准。因此，在可管理性、可理解性和可调试性方面，需要对准确度进行权衡。深度学习用例通常要处理大量数据，不同的硬件需求需要分布式学习并与灵活的资源管理堆栈进行更紧密的集成。分布式训练可扩展到处理数十亿个样本。

以下是训练不同模型类型的注意事项：

- 训练模型时将使用多少数据？数据将作为滑动窗口以批处理方式进行分析，还是以增量方式分析新数据点？

- 每个模型的平均特征数量是多少？在训练数据样本分布中是否存在典型的偏差？

- 每个模型的平均参数数量是多少？更多的参数意味着更多的调整。

- 模型是单独的还是分区的？对于分区模型，每个分区训练一个模型，在需要时返回父模型。例如，每个城市训练一个模型，当无法实现精确的城市级模型时，返回国家级模型。

## 12.3.2 调优

调优是一个迭代过程。在每次迭代结束时，对模型的准确度进行评估。不确切地说，准确度是模型得到正确预测的分数，并使用多个指标来度量，即曲线下面积（AUC）、精度、召回率、F1、混淆矩阵等。在处理正负样本不均衡的数据集时，如果正类和负类的数量有很大的差异，那么仅使用准确性是不够的。定义模型的评估指标是自动化的一个重要要求。

调优需求的另一个方面是优化模型的成本和时间。自动调优并行探索模型参数和超参数的多个组合。考虑到云计算资源的丰富性，很容易增加组合方式的数量。

## 12.3.3 持续训练

持续管道的一个关键指标是模型新鲜度。根据用例的不同，更新模型的需求也有所不同。例如，游戏过程中的个性化体验需要模型近实时地响应用户行为。另外，个性化软件产品体验需要模型能根据产品特征的敏捷性在几天或几周内得到优化。当数据分布因客户行为的变化而发生变化时，模型需要实时动态调整，以便跟上趋势。

在线学习会在每个新样本上更新模型，当预计数据分布会随时间变化或数据是时间函数（如股票价格）时，在线学习也适用。使用在线学习的另一种情况是当数据不适合放入内存时，可以连续使用增量新样本来微调模型权重。在线学习需要数据高效，因为一旦数据被消耗，就不再需要它（与基于计划的训练所需的滑动窗口不同）。此外，在线学习需要具有适应性，因为它不假设数据的分布。

## 12.3.4 非功能性需求

以下在模型训练服务设计中应考虑的一些关键非功能性需求：

*可扩展*

 随着企业的发展，训练服务的规模必须扩大，以支持更大的数据集和更多的模型。

*成本*

 训练的计算成本非常高，优化相关成本势在必行。

*自动监控和告警*

 需要监控持续训练管道，以检测生产问题并自动生成告警。

# 12.4 实现模式

与现有的任务图相对应，模型编排服务有三个自动化级别，如图 12-3 所示。每个级别对应将目前手动或效率低下的任务组合自动化：

*分布式训练编排模式*

 自动化资源编排、作业调度和优化训练工作流。

*自动调优模式*

 自动调优模型参数和超参数。它跟踪训练迭代的结果，并向数据用户提供持续的迭代及其结果的报告。

*数据感知持续训练模式*

  通过跟踪元数据与机器学习管道组件并智能地重试来自动化重新训练模型的过程。它还可以在将模型投入生产之前进行自动验证。

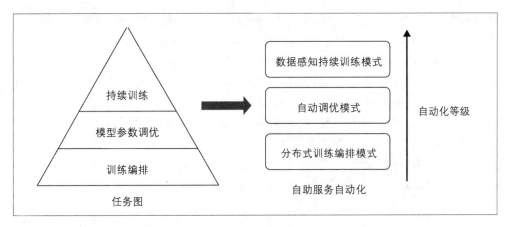

图 12-3：模型训练服务的自动化等级

# 12.4.1 分布式训练编排模式

分布式训练编排模式能自动化模型训练过程，目标是优化多个其他训练作业所需的时间和资源。训练在使用迁移学习等技术进行优化的机器集群上运行。

该模式由以下模块组成：

*资源编排*

  训练可以在同一台机器内或跨不同机器的计算内核（CPU 和 GPU）之间分布，通常在可用硬件内核上使用不同的策略来划分训练。有两种常见的数据并行分布训练方法：a）同步训练，使所有 worker 在不同的输入数据片上同步训练，并在每一步累积梯度；b）异步训练，所有 worker 在输入数据上独立训练并异步更新变量。底层同步的训练方法是 all-reduce 模式，其中内核减少模型值并将结果分发给所有进程。

*作业编排*

  对于训练，需要计算特征数据集或从特征存储中获取特征数据集。通常，作业编排涉及从仓库获取数据，然后计算特征组合。训练被定义为作业的有向无环图（DAG）。在高级选项下，还有标准调度工具，例如 Apache Flow。

*训练优化*

  训练通常使用训练数据集中的数据样本来进行。对于每个训练样本，通过反向传播反馈来细化模型系数，并应用优化来加快训练过程。复杂的深度学习模型有数百万个参数（权重），从头开始训练它们通常需要耗费大量的计算资源。我们可以使用迁移学习技术，通过在相关任务上获取训练过的模型的一部分，并在新模型中重新使用它，从而减少耗费的计算资源。

分布式训练编排模式的一个例子是 Google 的 TFX（*https://oreil.ly/8ZKi5*）。它实现了多种策略来跨 CPU 和 GPU 分发训练任务，例如 MirroredStrategy、TPUStrategy、MultiWorkerMirroredStrategy、CentralStorageStrategy 和 OneServerStrategy。为了处理大量数据，需要使用 Spark、Flink 或 Google Cloud Dataflow 等分布式处理框架。大多数 TFX 组件都运行在 Apache Beam 上，Apache Beam 是一个可以在多个执行引擎上运行的统一编程模型。TFX 是可扩展的，且开箱即用地支持 Airflow 和 Kubeflow，也可以向 TFX 添加其他工作流引擎。如果管道的新运行只改变了参数的子集，那么管道可以复用任何数据预处理组件（比如词汇表），这可以节省大量的时间，因为海量的数据让数据预处理变得昂贵。TFX 通过从缓存中提取管道组件先前的结果来优化训练。

分布式训练编排模式的优势在于它能够通过分布处理加快训练，以尽可能地优化训练。该模式的缺点在于它集成有限的机器学习库、工具和硬件。总的来说，随着数据集大小的增长，这种模式会考验场景实现。

## 12.4.2 自动调优模式

自动调优最初的定义来源于调优模型参数和超参数。如今，数据科学家通过分析不同的组合结果，并系统地探索其搜索空间来驱动模型调整，他们比较不同的组合结果并决定使用的最佳模型值。自动模型调优领域涉及的知识很广泛，超出了本书的范围。在神经网络架构搜索的基础上，进化算法被用来设计新的神经网络架构。这很有用，因为它比人类更容易发现复杂的架构，并且针对特定目标进行了优化。在研究报告（*https://oreil.ly/xMT7W*）中，谷歌的研究人员 Quoc Le 和 Barret Zoph 利用强化学习找到了新的架构（针对 Cifar 10 的计算机视觉问题和 Penn Tree Bank 的自然语言处理问题），并取得了与现有架构相似的结果。有几个示例库，比如 Auto Gluon（*https://oreil.ly/LeA7B*）、Auto-WEKA（*https://oreil.ly/AXw0O*）、auto-sklearn（*https://oreil.ly/ZGQBq*）、H2O AutoML（*https://oreil.ly/jwZOM*）、TPOT（*https://oreil.ly/FTa5k*）、AutoML（*https://www.automl.org*）和 Hyperopt（*https://oreil.ly/1890p*）。这些库允许数据科学家指定目标函数和边界值，可应用于许多类型的机器学习算法，如随机森林、梯度提升机、神经网络等。

最近，自动调优的定义变得更广泛，包括整个生命周期，如图 12-4 所示。该模式在机器学习社区中称为 AutoML，示例有谷歌的 AutoML 服务，它能将模型构建、训练和部署过程的整个工作流自动化，如图 12-5 所示。

自动调优模式的优势在于提高数据科学家的生产力，因为训练服务可以找到最佳的调优值。该模式的缺点是需要大量的计算资源来暴力探索不同的调优组合。总的来说,对于复杂的深度学习模型,该模式很重要。

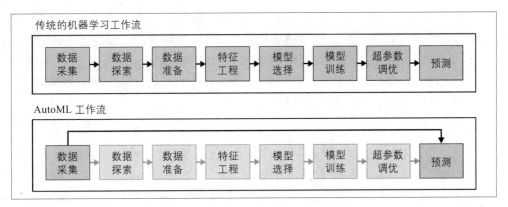

图 12-4:传统的机器学习工作流与 AutoML 工作流(摘自 Forbes(*https://oreil.ly/3zG5Z*))

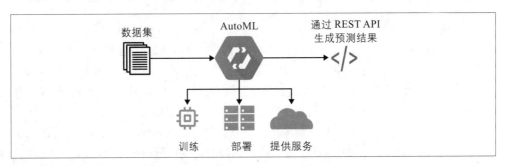

图 12-5:谷歌 AutoML 服务示例(来自 Google Cloud(*https://oreil.ly/tQ01a*))

## 12.4.3 数据感知持续训练模式

数据感知持续训练模式优化已部署模型的训练来反映数据变化,模型的重新训练可以按计划进行,也可以在线进行,其中每个新的数据样本都可以用于重新训练和创建新的模型。与按固定计划调用作业的模式不同,此模式是数据驱动的,允许通过管道组件的特定配置(例如,新数据的可用性或更新的数据词汇表)来触发作业。

该模式由以下模块组成。

*元数据跟踪*

元数据捕获与当前模型相关的详细信息、管道组件的执行状态以及训练数据集属性。跟踪每次运行的管道组件的执行统计信息有助于调试、复现性和审计。训练数据集可以配置为移动时间窗口或整个可用数据。元数据帮助管道确定可以复用以前运行的哪些结果。例如,每小时更新深度学习模型的管道需要重新初始化上次运行的模型权重，以避免重新训练之前积累的所有数据。

**编排**

机器学习管道组件是基于数据构件的可用性异步触发的。当机器学习组件完成处理时，它们将其状态记录为元数据存储的一部分。这用作组件之间的通信通道，并可以相应地做出反应。此发布 / 订阅功能使机器学习管道组件能够以不同的迭代间隔异步运行，从而尽快生成新模型。例如，算法工程师可以使用最新数据和旧词汇生成新模型，而不必等待更新后的词汇。

**验证**

在投入生产前对模型进行评估。根据模型的类型，使用不同的技术来实现验证。验证涉及数据集中单个数据切片的模型性能。除了检查更新的模型的质量以确保高质量外，验证还需要对数据质量采取主动保护措施，并确保模型与部署环境兼容。

总的来说，数据科学家可以检查随着新数据的出现和模型的重新训练，数据和结果是如何随时间变化的。对模型运行进行比较需要很长时间。

该模式的一个例子是 TFX。对于元数据跟踪，它实现了 ML Metadata（MLMD），这是一个开源库，用于定义、存储和查询机器学习管道的元数据。MLMD 将元数据存储在关系后台中，并且可以扩展到任何与 SQL 兼容的数据库。TFX 管道创建为 DAG。TFX 组件有三个主要部分：驱动程序、执行程序和发布程序。驱动程序检查全局状态并决定需要做什么工作，协调作业执行并将元数据提供给执行程序。发布程序获取执行程序的结果并更新元数据存储区。在 MLMD 中发布的状态被管道的其他组件（如评估、训练和验证）用于启动处理。评估组件获取算法工程师创建的 EvalSavedModel 和原始输入数据，并使用 Beam 和 TensorFlow Model Analysis 库进行深入分析。在 TFX ModelValidator 中，用于验证的组件会使用 Beam 进行比较，使用自己定义的标准来决定是否将新模型推送到生产环境中。

总的来说，数据感知持续训练模式的需求取决于模型重新训练的严格程度。虽然该模式可以应用于在线模型和离线模型，但它最适用于需要以在线方式或按计划重新训练的在线模型。

# 12.5 总结

模型训练本身就很费时，会影响整体的洞察耗时。训练时间和训练后模型的质量在准确性、鲁棒性、性能和偏差方面需要权衡。模型训练服务旨在消除由于分布式训练、自动调优和持续训练的临时方法，而导致在管理训练时出现的意外复杂性。对于具有大量数据和使用复杂的机器学习模型的部署来说，该服务是不可或缺的。

# 第 13 章

# 持续集成服务

到目前为止，我们已经讨论了构建转换逻辑以实现机器学习模型的洞察和训练。通常，机器学习模型管道随着源模式的变化、特征逻辑、依赖数据集、数据处理配置、模型算法、模型特征和配置而不断演进。这些变化是由数据用户团队进行的，目的是实现新的产品功能或提高模型的准确度。在传统的软件工程中，代码是不断更新的，各团队每天都要进行多次修改。为了在生产中部署机器学习模型，本章介绍机器学习管道的持续集成细节。

机器学习管道的持续集成存在多个痛点。首先，需要全面跟踪涉及数据、代码和配置的机器学习管道实验。这些实验可以视为特征分支，区别是绝大多数分支永远不会与主干集成。跟踪这些实验可以选择最优配置以及将来的调试方式。现有的代码版本控制工具（如 GitHub）只跟踪代码变化，既没有一个标准的地方来存储训练实验的结果，也没有一个简单的方法来比较一个实验和另一个实验。其次，为了验证变化，机器学习管道需要打包部署在测试环境中。与传统软件在一个软件栈上运行不同，机器学习管道结合了多个库和工具。在测试环境中重现项目配置是即席的且容易出错。最后，在开发或测试环境中运行单元和集成测试时，不能提供与生产环境类似的真实数据。因此，问题会泄露到生产中，使得调试和修复代码的成本比在代码集成期间高得多。这些挑战增加了集成耗时。考虑到数据团队成员每天都要对机器学习管道进行数百次更改，集成耗时的增加影响了整体的洞察耗时。

理想情况下，持续集成服务会自动执行将更改可靠地集成到机器学习管道的过程。该服务跟踪机器学习管道的更改，创建一个可复现的包以在不同的测试环境中部署，并简化管道测试的运行以检测问题。通过自动化这些任务，该服务减少了集成耗时和在生产中泄露的问题的数量。该服务允许数据用户之间进行协作开发。作为测试管道更改正确性的一部分，将对机器学习模型进行训练和评估。我们已经在第 12 章中阐述了将模型训练作为一项单独的服务。

# 13.1 路线图

图 13-1 显示了传统的代码持续集成管道。以类似的方式，以模型代码、配置和数据特征的形式对机器学习模型进行更改。

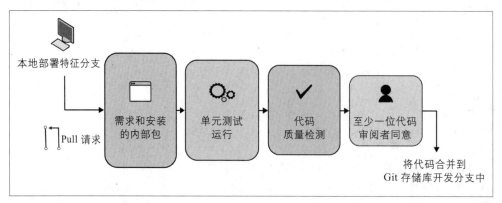

图 13-1：传统的软件持续集成管道

## 13.1.1 在机器学习管道上进行协作开发

在构建阶段，数据科学家和工程师组成的团队一起协作以迭代并找到最佳模型。特征管道代码与模型算法、模型参数和超参数并行开发。通常，团队交付机器学习管道的期限很紧，必须在确定要与主干集成以进行部署的管道之前，系统地进行大量实验。如今，跟踪实验、构建可部署版本、验证管道、训练模型、评估模型质量以及跟踪最终结果都是以即席的方式完成的。

## 13.1.2 集成 ETL 更改

特征管道被写成 ETL 代码，从不同的数据源读取数据并将它们转换为特征。ETL 代码会不断演进。一些常见的场景包括迁移到新版本的数据处理框架（如 Spark）、从 Hive 重写到 Spark 以提高性能、源模式的变化等。

ETL 更改需要使用一套全面的单元、功能、回归和集成测试来验证其正确性。这些测试确保管道代码是健壮的，并且在极端情况下可以正确运行。作为集成过程的第一步，将运行单元测试和集成测试的黄金测试套件，这些也被称为冒烟测试，因为它们会比较样本输入和输出数据的结果。理想情况下，集成测试应该使用实际的生产数据来测试健壮性和性能。通常，扩展问题或低效的实现在生产中是无法发现的。如今，测试可以作为代码的一部分来编写，或者单独管理。此外，如果特征用于生成业务指标仪表盘，则数据用户需要验证结果的正确性（这称为用户验收测试）。现在的方法是即席的，验证通常使用不代表生产数据的小样本数据完成。

### 13.1.3 验证模式更改

数据源所有者更改其源模式，通常不通知下游机器学习管道用户，这些问题通常在生产中检测到，并可能会产生重大影响。作为跟踪更改的一部分，需要检测源模式的更改并触发持续集成服务，以主动验证这些更改的效果。

# 13.2 最小化集成耗时

集成耗时包括跟踪、打包和验证机器学习管道的正确性和生产准备所需的时间。这还包括模型的训练耗时（见第 12 章）。如今，集成耗时花在三个过程上：实验跟踪、可重复的部署和测试验证。

## 13.2.1 实验跟踪

机器学习管道是数据集、代码和配置的组合。跟踪实验需要创建一个单一的端到端视图，其中包括数据集版本、模型和管道的配置，以及与特征管道和模型相关联的代码。传统上，持续集成（CI）工具（如 Jenkins）可以监听代码库中的代码提交并触发验证过程。同样，实验也需要被跟踪，并将与测试和模型训练相关的结果记录下来。跟踪实验很耗时，由于缺乏对数据集、代码、配置以及相应测试和模型训练结果的一致性跟踪，使得最终的模型选择过程非常烦琐。

## 13.2.2 可重复的部署

在集成更改之前，需要验证更改的正确性。这需要在测试环境中构建和部署机器学习管道。确保环境可复制是一个挑战。虽然代码和配置可以使用容器技术（如 Docker）进行打包。但对数据集进行版本控制，使其指向正确的数据集版本是一项挑战。可以在本地或测试集群上部署的单个可重复的管道打包现在是即席的，并在编排中调用手动脚本。

## 13.2.3 测试验证

测试包括运行一系列单元测试、功能测试、回归测试和集成测试，以便在将管道部署到生产中之前发现问题。有三种类型的挑战：

*编写全面的测试来检测问题*

定义正确的测试结合了软件工程"卫生"（hygiene）和团队技能。与传统软件相比，大多数组织不会对机器学习管道应用同样严格的代码覆盖率标准。

*使用实际的生产数据*

大多数组织都有单独的 QA、E2E 和生产环境。非生产的数据通常包含数据样本，不具有代表性。

*运行测试需要大量的时间*

分配的测试资源通常有限，根据数据集的大小，测试可能会运行相当长的时间。

# 13.3 定义需求

构建持续集成服务需要三个关键模块：

*实验跟踪模块*

实验跟踪是机器学习管道更改（与代码、配置和数据集相关）的 E2E 表现形式，并记录了相应的测试和模型训练结果。

*管道打包模块*

创建要在本地或云端部署的机器学习管道的可重复包。

*测试自动化模块*

使用版本化生产数据编排最佳运行的测试

本节将介绍每个模块的需求。

## 13.3.1 实验跟踪模块

该模块的目标是全面捕获影响机器学习管道的更改，以便将它们集成到构建 - 验证过程中。机器学习管道更改大致可分为以下几类：

*配置参数*

特征管道和机器学习模型中使用的任何可配置参数。

*代码版本*

库的版本、编程语言、依赖代码等。

*数据集*

定义作为机器学习管道一部分使用的数据版本。版本控制允许跟踪模式以及数据属性（例如，分布）。

此外，实验跟踪会记录属性分析实验结果。这包括用户定义的指标以及管道和模型的特定记录细节（例如，代码覆盖率指标、模型准确度等）。指标由用户定义，由任何有助于比较实验以选择胜出版本的指标组成。

## 13.3.2 管道打包模块

打包机器学习管道需要考虑 CI/CD 堆栈中的现有技术。关键技术桶包括：

- 云计算提供商，如 Azure、AWS 等。

- 容器编排框架，如 Docker、Kubernetes 等。

- 工件仓库，如 Artifactory、Jenkins、S3 等。

- CI 框架，如 Jenkins、CircleCI、Travis 等。

- 密码管理，如 AWS KMS、HashiCorp Vault 等。

作为打包的一部分，澄清对数据集的版本处理非常重要。管道的输入数据作为生产数据的只读版本进行跟踪。实验生成的输出数据在单独的命名空间中进行管理。

管道可以打包并部署在本地或云端。通常有多种环境，例如 QA、dev 和 E2E，在这些环境中部署管道以进行测试或训练。根据需要并发运行的实验数量，需要适当调整环境的大小。

## 13.3.3 测试自动化模块

测试数据的大小应该大到有意义或者小到能加快测试速度。通常，生产中遇到的问题会添加到测试套件模式中。例如，如果源数据质量问题在生产中非常严重，则黄金测试套件需要由使用实际生产数据运行的质量集成测试组成。

黄金测试套件通常与代码分开管理。可以为这些测试定义对代码覆盖率和测试通过标准的要求。其他考虑因素包括完成测试的时间和并行运行测试的必要性。

# 13.4 实现模式

与现有的任务图相对应，持续集成服务有三个自动化级别，如图 13-2 所示。每个自动化级别对应将当前手动或效率低下的任务组合自动化：

*可编程跟踪模式*

允许跟踪用户定义的指标以进行机器学习模型的实验。

*可重复的项目模式*

将实验打包，使它能部署在任何环境中，以实现测试和模型训练。

*测试验证模式*

以单元、组件和集成测试的形式进行测试。这类似于一般的软件工程实践，不在本书的讨论范围之内。

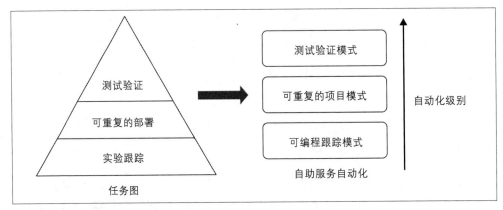

图 13-2：持续集成服务的不同自动化级别

## 13.4.1 可编程跟踪模式

作为机器学习管道实验的一部分，该服务跟踪与代码、配置和数据集有关的详细信息。可编程跟踪模式让数据科学家能够添加任何指标作为实验跟踪的一部分。添加指标的模式在任何编程环境（例如，独立脚本或 notebook）中都是一致的。通过此模式跟踪的指标常见示例有：

- 训练作业的开始时间和结束时间。

- 谁训练了模型及业务细节。

- 每个特征的分布和相对重要性。

- 不同模型类型的特定准确度指标（例如，二元分类器的 ROC 曲线、PR 曲线和混淆矩阵）。

- 模型可视化统计汇总。

该模式通过集成用于数据处理的跟踪库和机器学习库（如 Spark、Spark MLlib、Keras 等）来实现。模式实现的一个例子是 MLflow Tracking（*https://oreil.ly/QPDKd*），如图 13-3 所示。它提供了一个 API 和 UI 来记录参数、代码版本、指标和输出文件。数据用户可以从 ETL 或模型程序中跟踪参数、指标和工件。结果被记录到本地文件或服务器上。使用 Web UI，数据用户可以查看和比较多个运行输出结果。团队还可以使用这些工具来比较来自不同用户的结果。

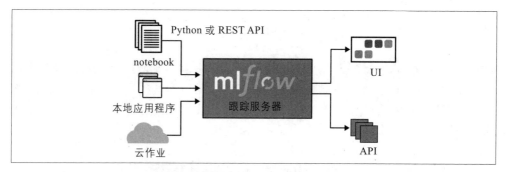

图 13-3: 开源 MLflow Tracking (来自 Databricks (*https://oreil.ly/12n_T*))

如果没有良好的实验跟踪，就会出现一些实际案例，其中模型已经建立并部署，但由于没有系统地跟踪数据、代码和配置细节，所以无法重现。

## 13.4.2 可重复的项目模式

该模式的目标是构建一个独立的、可重复的机器学习管道包，以便在测试或开发环境中进行部署。它也适用于其他具有可重复性、可扩展性和实验性的用例。该模式通过正确的依赖项自动创建部署环境，并提供标准化的 CLI 或 API 来运行项目。

为了创建机器学习管道的独立包，该模式包括以下内容：

*管道组件的调用顺序*
这是组件需要被调用的顺序，通常用 DAG 表示。

*代码版本*
这实际上是 GitHub 或其他版本控制仓库中的一个功能分支。代码包括管道组件和模型算法。通常，单元测试和黄金测试套件也包含在同一个项目包中。

*管道组件的执行环境*
这包括库和其他依赖项的版本。这通常是一个 Docker 镜像。

*数据版本*
这些是与管道一起使用的源数据集。

该模式的一个例子是 MLflow Project (*https://oreil.ly/FSfc1*)，它为打包可复用的数据科学代码提供了标准格式。每个项目只是一个包含代码的目录或一个 Git 仓库，并使用描述符文件来指定它的依赖项以及运行代码方式，如图 13-4 所示。MLflow Project 由一个名为 MLproject 的 YAML 文件定义。Project 可以通过 Conda 环境指定它们的依赖项。一个项目也可能有多个入口点，用于调用带有命名参数的运行。你可以在命令行中使用 `mlflow run` 运行项目。MLflow 将自动为项目设置合适的环境并运行它。另外，如果在项目中使用 MLflow Tracking API,则 MLflow 将记录执行的项目版本(即 Git 提交)和所使用的参数。

总的来说,该模式的优势在于其标准化的方法可以跟踪机器学习管道的所有方面,确保实验结果的可重复性。缺点是该模式没有考虑到生产部署所需的资源扩展需求。总的来说,该模式对于自动化机器学习管道的打包非常重要,并且允许在任何环境中进行灵活的再现。

图 13-4:MLflow Project 定义的项目结构(来自 Databricks(*https://oreil.ly/GeT3Z*))

# 13.5 总结

持续集成是一种软件工程实践,可以确保对代码的更改进行持续集成和测试,以主动发现问题。通过在机器学习管道应用相同的原理,可以将实验视为主代码主干的分支。持续集成服务的目标是跟踪、构建和测试实验,以找到最佳的机器学习管道。在此步骤中丢弃了探索过程中的大部分次优实验,但它们对调试仍然很有价值,并且有助于设计未来的实验。

# 第 14 章

# A/B 测试服务

现在，我们已经准备好操作数据和机器学习管道，以便在生产中产生洞察。生成洞察的方法有多种，数据用户必须做出选择。我们以为终端客户预测房价的机器学习模型为例。假设有两个同样精确的模型，如何判断哪一个更好呢？本章重点介绍一种日益流行的实践方法，即部署多个模型并将其呈现给不同的客户集。基于客户使用的行为数据来选出更好的模型。A/B 测试（也称为桶式测试、拆分测试或受控实验）是一个从产品变化、新特性或与产品增长相关的假设等方面来评估用户满意度的标准方法，并被广泛用于制定数据驱动的决策。将 A/B 测试作为数据平台的一部分进行集成非常重要，可以确保在机器学习模型、业务报告和测试中应用一致的指标定义。虽然 A/B 测试本身就可以填满一本复杂且完整的书，但本章将介绍以数据平台为背景的核心模式，作为数据用户的起点。

在线受控的 A/B 测试被众多公司用来制定数据驱动的决策。正如 Kohavi 和 Thomke（*https://oreil.ly/4jouE*）所指出的，A/B 测试用于从前端用户界面更改到后端算法以及从搜索引擎（如 Google、Bing、Yahoo！）到零售商（如 Amazon、eBay、Etsy）、社交网络服务（如 Facebook、LinkedIn、Twitter）、旅游服务（如 Expedia、Airbnb、Booking.com）的方方面面。A/B 测试是指在同一时间向不同的访问群体显示同一网页的变体，并比较哪个变体的转化率更高。通常，转化率高的变体就是获胜的变体。成功的衡量指标对于正在测试的实验和特定假设是独有的。

如 Xu 等人所述（*https://oreil.ly/cVUEf*），运行大规模的 A/B 测试不仅仅是基础设施和最佳实践的问题，还需要在决策过程中嵌入强大的实验文化。除了构建 A/B 测试平台所需的基本功能外，实验文化还要求全面跟踪 A/B 测试实验，简化多个并发实验，并与业务报告集成。从 A/B 测试实验中产生可信的洞察需要坚实的统计基础、无缝集成和监控以及跨所有数据管道的各种质量检查。

大规模部署在线受控 A/B 实验需要支持数百个跨网站、移动应用程序和桌面应用程序的并发运行实验，这是一项艰巨的挑战。有几个关键的痛点。第一，正确配置 A/B 测试实验并非易事，并且必须确保不存在会导致不同群体的兴趣指标在统计上存在显著差异的不平衡。此外，确保用户不会接触到同时运行的不同实验的变体之间的交互也很重要。第二，大规模运行 A/B 测试实验需要以一种高性能和可扩展的方式生成和交付不同的配置。对于客户端实验，软件只是定期更新，需要在线配置才能打开和关闭产品的功能。第三，分析 A/B 测试实验结果是基于需要计算的指标。定义与以往不一致的一次性指标需要花费大量时间，从而导致不可靠的分析。确保实验的可信度，以及自动优化后确保用户体验不受损害，这对于广泛的数据用户来说很困难。这些痛点影响 A/B 测试的正确配置、大规模运行以及结果的分析和优化，进而影响总体的洞察耗时。

理想情况下，自助式 A/B 测试服务简化了 A/B 测试的设计过程，隐藏了统计显著性、不平衡分配和实验交互的复杂性，并能自动化扩展以及根据不同性能来分配流量。它为指标定义、自动收集和整理数据以生成指标提供了一种领域语言。最后，它自动验证实验质量并优化对获胜实验的流量分配。总体而言，该服务使数据用户能够在服务的整个生命周期中配置、启动、监控和控制实验。它通过为实验设计提供信息、确定实验执行的参数，以及帮助实验负责人解释结果来减少整体洞察耗时。许多领先的公司已经在生产环境中使用自助式测试平台，包括 Google（*https://oreil.ly/wSK9U*）、微软（*https://oreil.ly/LCwfy*）、Netflix（*https://oreil.ly/IWBgc*）、LinkedIn（*https://oreil.ly/JqAXV*）、Uber（*https://eng.uber.com/xp*）和 Airbnb（*https://oreil.ly/2RgVE*）。几个开源示例有 Cloudera 的 Gertrude（*https://oreil.ly/O2_0v*）、Etsy 的 Feature Flagging（*https:// oreil.ly/5K7rR*），以及 Facebook Planout（*https://oreil.ly/sIXwy*）。图 14-1 是 Intuit 的开源实验平台 Wasabi 的截图。

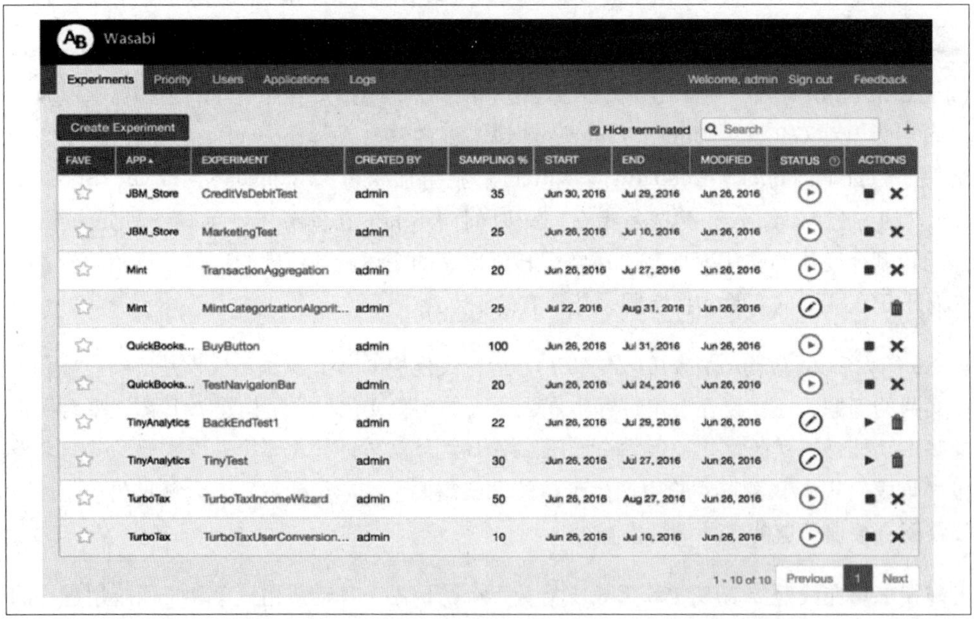

图 14-1：Intuit 的开源测试平台 Wasabi（来自 GitHub（*https://oreil.ly/u5jsl*））

# 14.1 路线图

我们首先介绍 A/B 测试的基本概念。

*因子（或变量）*

一个可以独立变化以创建依赖响应的变量。被赋值的因子称为水平。例如，更改网页的背景颜色就是一个因子。

*实验（或变体）*

现行的系统被认为是"冠军"，而实验是一种修改，试图优化某个目标，它被称为"挑战者"。实验的特点是会改变一个或多个因子的水平。

*实验单元*

实验单元是可以随机分配给实验的物理实体，是进行实验或分析的实体（例如访客、用户、客户等）。Gupta 等人（*https://oreil.ly/Ov9OS*）观察到，如果正确设计和执行实验，则两个变体之间唯一的不同就是变量 X 的变化。外部因子在控制和实验之间均匀分布，故不会影响实验结果。因此，两组之间指标的任何差异都必须归因于 X 的变化（或我们用统计测试排除的随机机会）。这在产品的变化和用户行为的变化之间建立了因果关系，这也是广泛使用受控实验来评估软件新特性的关键原因。

*样本*

接受相同实验的一组用户。

*总体评价标准（OEC）*

OEC 指的是实验要达到的指标、目标或目的。它是一种用来比较不同实验的反馈指标。当实验运行时，记录用户与系统的交互，并计算指标。

实验是一个设计、执行和分析的迭代循环（如图 14-2 所示）。实验分析是在实验的整个生命周期中进行的，包括生成假设、设计实验、执行实验和实验后的决策过程。以下是实验的具体阶段：

*生成假设*

通常，该过程从收集数据开始，以确定需要改进的方面，例如低转换率或高下降率。目标确定后，我们生成 A/B 测试的想法和假设，即为什么这些想法比当前版本更好。历史实验的结果为新的假设提供了信息，帮助估计新假设对总体评价标准的影响，并帮助确定现有想法的优先级。在此阶段，实验负责人检查其他历史实验，包括那些改进了目标指标的实验。

*设计特征和应用特征*

对网站或移动应用程序体验上的元素进行所需的更改，并验证更改的正确性。显示元素的代码需要以一种可以通过实验系统打开和关闭的方式部署到客户端。

*设计实验*

在实验设计时，要通过分析回答以下关键问题：应该使用什么样的随机化方案进行受众人群分配？实验运行的持续时间是多少？分配的流量占比是多少？应该使用什么随机种子来最小化不平衡？

*执行实验*

实验开始，用户被分配到受控或变体实验中。他们每一次经历的交互都会被度量、计算和比较，以确定每个体验的表现。当实验运行时，分析必须回答两个关键问题：a）实验是否对用户造成了不可接受的伤害？ b）是否存在导致实验结果不可信的数据质量问题？

*分析实验*

目的是分析对照组和实验组之间的差异，并确定是否存在统计学上的显著差异。这种监控应该在整个实验过程中持续进行，检查各种问题，包括与其他同时运行的实验的交互。在实验过程中，基于分析，可以建议采取一些行动，例如，如果检测到伤害就停止实验，查看指标变化情况，或者检查行为与其他用户不同的特定用户群。总体而言，分析需要确定实验数据是否可信，并理解为什么实验组比对照组好或差。下一步可以是上线或不上线的建议，也可以测试一个新的假设。

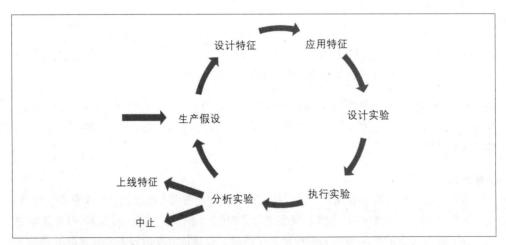

图 14-2：A/B 测试的迭代循环（*https://oreil.ly/H6h7F*）

# 14.2 最小化 A/B 测试耗时

A/B 测试耗时包括设计实验、大规模执行（包括指标分析）和优化实验所需的时间。一个成功的标准是防止错误的实验规模达到统计显著性，浪费发布周期时间。另一个标准是检测危害，并提醒实验负责人用户的体验不佳，从而防止直接发布后损失收入和流失用户。最后一个标准是检测与其他可能导致错误结论的实验的交互。

## 14.2.1 实验设计

这一阶段包括受众选择，并依赖于特征设计。这是通过使用目标定位或流量过滤器来实现的，例如市场细分、浏览器、操作系统、移动/桌面应用程序的版本，或者对上个月登录产品 5 次的用户进行复杂的目标定位。设计需要考虑单因素测试与多因素测试——测试与单因素值相对应的实验，测试与多因素值相对应的实验，并比较两种测试。实验需要确保实验的持续时间内样本量的统计显著性。通常，实验的持续时间是根据历史流量推断出来的。为了检测随机不平衡，我们以 A/A（即实验组和对照组相同）的方式开始实验，运行几天后验证是否检测到不平衡。通常，多个实验同时运行，并跟踪用户分配结果，以确保用户没有被分配到多个重叠的实验中。

## 14.2.2 大规模执行

这一阶段包括在客户端（如移动应用程序）或服务器端（如网站）大规模运行实验。对于实验，应用程序需要一个瘦服务客户端来调用 REST 端点以确定合格的实验、处理方法及其因子。一个不涉及分段的简单实验可以在本地执行，而其他查询可能需要查询分段的属性，通常需要远程调用。分配部署通常是逐步完成的，从金丝雀部署开始。

为了扩大实验规模，需要提供一种简单的方法来定义和验证新指标，并让新指标被广泛的数据用户使用。生成指标来评估实验涉及大规模有效地计算大量指标，这面临几个挑战。首先，用户可以在未登录或未注册的情况下浏览，因此关联用户操作很困难。用户还可以切换设备（在 Web 和移动设备之间），这使得关联更加复杂。确保用于实验的指标与业务仪表盘一致也很重要。其次，要计算成千上万的报表，处理 TB 级的数据，这是一项重大挑战。缓存多个实验中通用的计算对降低数据大小和性能很有帮助。

## 14.2.3 实验优化

这一阶段包括监控实验和优化实验人群分配。实验启动后，对日志进行持续分析，确保实验达到统计显著性，对客户体验没有负面影响，没有交叉实验干扰。优化的另一个方面是自动增加运行良好的实验的客户流量。

为了跟踪实验，可以使用丰富的仪表日志来生成自助服务分析并对实验进行故障排除。日志包含与合格的实验、目标用户和页面相关的信息，这些信息都与客户体验有关。典型的主要业务 OEC 包括获客（将潜在客户转化为用户）、参与度（客户使用产品的频率和每次访问所花费的时间）和客户维系（订阅者总数和每个客户的终身价值）。

这些指标需要时间来积累数据才能达到稳定状态。另外，二级指标（如注册次数、登录次数等）和操作指标（如可用性、页面性能等）也会被跟踪关注，以确认实验是否会继续下去。

# 14.3 实现模式

与现有的任务图相对应，实验服务有三个自动化级别（如图 14-3 所示）。每个级别对应将当前手动或效率低下的任务组合自动化：

*实验规范模式*

   自动处理与实验设计相关的随机化和实验交互。

*指标定义模式*

   简化了评估实验的指标分析，减少了实验负责人提取与实验相关的洞察所需的时间。

*自动化实验优化*

   跟踪实验的健康状况，并自动优化实验变体之间的流量分配。

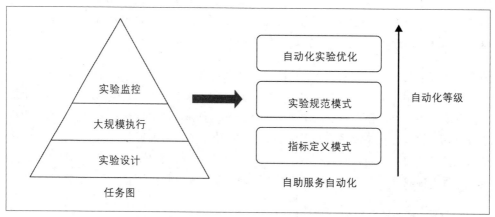

图 14-3：A/B 测试服务的不同自动化等级

## 14.3.1 实验规范模式

这种模式侧重于使实验设计成为关键，使实验负责人能够在整个生命周期中配置、启动、监控和控制实验。为了扩大实验规模，需要简化这些任务。该规范涉及受众选择、实验规模和持续时间、与其他实验的交互以及随机化设计。在本节中，我们将介绍随机化和实验交互的常用方法。

当用户被随机分到不同的实验中时，存在不平衡的可能性，这可能导致实验群体之间出现统计显著性差异。将这种随机失衡的影响与实验组的影响分开是非常重要的。缓解该问题的一种流行方法是重新随机化（*https://oreil.ly/vOokI*）——即，如果检测到随机不平衡，则重新开始实验，对哈希种子进行重新随机化。检测随机不平衡有几种不同的方法：

- 使用 A/A 实验（即实验组和对照组相同），先运行几天作为运行实际实验前的完整性检查。

- 如 Gupta 等人所述（*https://oreil.ly/k8L2X*），对历史数据进行回顾性 A/A 分析。

- 使用为实验选择的哈希种子随机化模拟历史数据。在现实世界中，许多回顾性 A/A 分析是并行进行的，以生成最均衡的种子。

在实验交互的上下文中，用户有可能同时被分配到多个实验中。当不同实验的变体之间发生交互时会产生问题。实验交互的一个常见例子是字体颜色和背景颜色都更改为相同的值。为了同时执行多个潜在的交互实验，一个常见的模式是创建组并将实验的变体分配给一个或多个组。应用的原则是可以将没有重叠组的变体应用于并发实验中。Google的实验（*https://oreil.ly/FXofW*）将组称为层和域，而 Microsoft 的平台（*https://oreil.ly/OZ-0T*）将它们称为隔离组。

## 14.3.2 指标定义模式

这种模式简化了分析实验所需的指标的定义。这种模式没有实现一次性和不一致的指标，而是提供了一个 DSL 来定义指标和维度。实验负责人使用业务指标词汇表（用于业务仪表盘和报表）来定义实验结果的分析维度。DSL 作为一个内部表示，可以被编译成SQL 和其他大数据编程语言。使用独立于语言的 DSL 可以确保跨不同后端数据处理机制的互操作性。这种模式的目标是使添加新指标的过程变得轻量级，并为广大用户提供自助服务。DSL 的例子有 Microsoft 的实验（*https://oreil.ly/59XvI*）平台和 Airbnb 的指标大众化（*https://oreil.ly/izJYp*）。

DSL 内置于指标和属性的目录中。它们的范围从用户订阅状态等静态属性到会员最后登录日期等动态属性。这些属性可以每天批量计算，也可以实时生成。这些指标经过质量认证和正确性认证，并作为第 3 章所述特征库的一部分进行一致性管理。指标平台的一个很好的例子是 LinkedIn 的 Unified Metrics Platform（*https://oreil.ly/VTHNt*）。

## 14.3.3 自动化实验优化

此模式旨在自动优化用户之间的变体分配，并确保实验趋势正确，既符合统计显著性，又不会对客户体验产生负面影响。此模式涉及三个构建块：用户遥测数据的聚合和分析、实验指标的质量检查以及自动优化技术。我们将详细介绍这些构建块。

为了跟踪实验的健康状况，以合格的实验、实验组和用户要访问的页面等形式跟踪遥测数据，这些数据与用户真正经历的实验和实验的应用程序日志相关。遥测数据通常从客户端和服务器端收集。人们倾向于从服务器端收集，因为它更容易更新、更完整、延迟更少。

Gupta 等人（*https://oreil.ly/Wy99H*）指出，最有效的实验检查指标是样本比率失配（SRM）测试，它利用 Chi-Squared Test（卡方检验）来比较变体中观察到的用户数与配置比率的比值。当检测到 SRM 时，结果被视为无效。另一种验证机制是 A/A 实验，如果没有处理效应，则 p 值预期会均匀分布。如果 p 值不均匀，则表明存在问题。其他流行的检验有 T 检验、负二项检验、排序检验和混合效应模型。

变体分配的自动优化算法有很多。最流行的方法是多臂强盗（*https://oreil.ly/Yr6pJ*）。每个实验组（称为臂）都有成功的可能性。实验开始时，成功的可能性是未知的。随着实验的继续，每个臂都会接收用户流量，Beta 分布也随之更新。目标是首先探索哪些实验变体性能良好，然后积极给获胜变体增加分配用户数量来平衡开发与探索。目前有多种技术可用于实现这一点，例如 ε–贪婪算法、汤普森采样、贝叶斯推理等。

# 14.4 总结

A/B 测试能帮助企业做出更好的决策和产品。A/B 测试平台的大众化至关重要，它允许新的团队轻松上手并以低成本开始运行实验，目标是通过实验评估每个产品功能或 bug 修复。A/B 测试正在不断发展，不仅回答影响了什么，还通过利用每个实验汇总的大量信息（在指标和维度上）回答原因。

# 第四部分

# 数据实施自助服务

# 第 15 章

# 查询优化服务

现在我们已经准备好在生产中实施这些洞察了。数据用户编写了业务逻辑以生成仪表盘、机器学习模型等形式的洞察。数据转换逻辑可以是 SQL 查询，也可以是 Python、Java、Scala 等语言实现的大数据编程模型（如 Apache Spark、Beam 等），本章重点介绍查询和大数据程序的优化。

好查询和坏查询之间的差别非常明显。例如，根据实际经验，部署的生产查询运行超过 4 小时是很正常的，而优化后可以在 10 分钟内运行完毕。重复且长时间运行的查询是需要调优的。

数据用户不是工程师，这导致查询调优有几个痛点。首先，像 Hadoop、Spark 和 Presto 这样的查询引擎有太多的旋钮。对于大多数数据用户来说，理解这些旋钮的功能和影响需要深入了解查询引擎的内部工作原理。这里没有通用方案——查询的最佳旋钮值根据数据模型、查询类型、集群大小、并发查询负载等因素而变化。考虑到数据的规模很大，暴力试验不同的旋钮值也不可行。

其次，鉴于数据的 PB 级规模，对于大多数数据用户来说，编写针对分布式数据处理最佳实践的优化查询方案极具挑战性。通常，数据工程团队不得不重写查询以在生产中高效地运行。大多数查询引擎和数据存储在应用过程中都有专用查询原语，使用这些功能需要不断学习曲线，并了解越来越多的技术。

最后，查询优化工作不是一次性的，而是基于执行模式持续进行的。查询执行概要文件需要根据运行时的属性，在分区、内存和 CPU 分配等方面进行调整。查询调优是一个迭代过程，在针对低悬垂优化的最初几次迭代之后，这种优化的收益会随着迭代逐渐减少。

优化耗时指用户优化查询所花费的时间。它从两个方面影响总体的洞察耗时。首先是数据用户在调优方面花费的时间，其次是完成查询处理的时间。在生产环境中，经过调优的查询可以更快地运行，从而显著减少洞察耗时。

理想情况下，查询优化服务应该自动优化查询，而不需要数据用户了解细节。后台服务验证查询是否以最佳方式编写，并确定配置旋钮的最佳值。旋钮与处理集群和查询作业相关，包括用于数据分区连续运行时的概要文件、分布式工作进程之间的处理偏差等。总之，查询优化是一种平衡行为，既确保用户的生产效率，又考虑用户的优化耗时、运行查询所需的时间以及在多租户环境中怎样处理底层资源的分配等方面。

# 15.1 路线图

查询优化服务在以下任务中起关键作用。

## 15.1.1 避免集群阻塞

考虑这样一个场景：数据用户编写一个复杂的查询，该查询在一个无索引的列值上连接具有数十亿行的表。在提交查询任务时，数据用户可能不知道这需要几个小时或几天才能完成。另外，其他对 SLA 敏感的查询作业可能会受到影响。这种情况可能发生在探索和阶段生产阶段。写得不好的查询会阻塞集群并影响其他生产作业。今天，这样的问题可以在代码评审过程中被发现，特别是在生产阶段。代码评审并不是万无一失的，跟团队的知识专业度有关。

## 15.1.2 解决运行时查询问题

现有查询可能会因内存不足（OOM）问题而停止工作，从而导致失败。在运行时可能会出现许多情况，例如失败、阻塞或失控的查询、SLA 违规、更改配置或数据属性，或者阻塞集群的恶意查询。可能有一系列问题需要调试，例如容器大小、配置设置、网络问题、计算机降级、连接不良、查询逻辑错误、未优化的数据布局或文件格式以及调度程序中的设置错误。如今，优化这些问题是即席的。持续分析查询的优化服务可以帮助发现问题，并在生产中避免出现这些问题。

## 15.1.3 加速应用程序

越来越多的应用程序部署在生产环境中，它们依赖于数据查询的性能。在生产环境中优化这些查询对于应用程序性能和最终用户的响应能力至关重要。此外，数据产品的开发需要在模型创建期间进行交互式的即席查询，这可以从探索阶段运行更快的查询中获益。工程团队目前采用的方法是每周审查生产中消耗资源最多、运行时间最长的10个查询。然后针对这些查询进行优化，并与数据用户合作，在需要时负责重写这些查询。

# 15.2 最小化优化耗时

优化耗时是优化查询所涉及的任务组合所花费的时间，分为三个方面：

- 聚合监控统计数据
- 分析监控数据
- 根据分析结果采取纠正措施

## 15.2.1 聚合统计数据

为了全面了解查询的性能，需要跨技术栈的所有层来收集统计信息。其中包括以下统计数据：

- 基础设施级（计算、存储、网络、内存）性能
- 操作系统运行状况
- 来自资源管理器的容器级统计数据
- 查询集群资源分配和利用情况
- 文件访问
- 管道和应用程序性能

以性能计数器和日志的形式记录和维护监控细节，以便进行历史趋势分析和异常分析。此外，记录配置和数据模式中的变更管理，以帮助调试问题。聚合统计数据是一项繁重的工作，需要管理来自堆栈不同层的各种性能计数器和日志消息格式。统计数据是使用API 收集的，这些 API 需要通过软件版本升级进行说明和更新。

## 15.2.2 分析统计数据

需要对聚合的统计数据进行分析，以确定对提高查询性能最有效的旋钮和优化的优先级。在不同的查询中这是不同的，需要分析当前状态并在堆栈的不同层之间关联统计数据。例如，Shi 等人（*https://oreil.ly/Raano*）比较了 Hadoop 中针对三种不同工作负载的旋钮调整：Terasort（排序 1 太字节的数据）、N-gram（计算 N-gram 数据的倒序列表）和 PageRank（计算图的页面排名）。他们发现，对于 Terasort 作业，数据压缩旋钮是提高性能最有效的方法。类似地，对于 N-gram 作业，与 Map Task 计数相关的配置旋钮非常关键，而 PageRank 作业受减少任务计数的影响最大。

现有的分析方法是启发式且耗时的，可分为三大类：

*查询分析*
> 涉及语言结构的检查、相关表的基数检查以及索引/分区的适当使用。

*作业分析*
> 涉及检查与数据配置、任务并行性、数据压缩、运行时执行阶段分析、数据处理中的偏差、映射和 reduce 执行器的效率等相关的统计信息。

*集群分析*
> 涉及与作业调度、大小调整（硬件、缓冲池等）、容器设置、执行内核数、利用率等相关的统计信息。

关键的挑战是需要专业知识将集群、作业和查询属性关联起来，以确定给定设置中重要旋钮的优先级和排名。分析还包括数据模式设计，如定义正确的分区键以适当进行数据的并行处理。

## 15.2.3 优化作业

查询优化涉及多个因素，如数据布局、索引和视图、旋钮调整和查询计划优化。Lu 等人（*https://oreil.ly/ul3jm*）说明了这些因素对查询性能的影响，并将这些因素表示为 Maslow 的层次结构，如图 15-1 所示。分析步骤有助于将帮助优化性能的旋钮和查询更改列入候选名单并确定优先级。

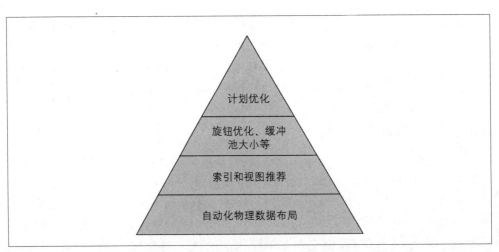

图 15-1：查询优化上下文中的层次结构（来自 Lu 等人（*https://oreil.ly/JuEnk*））

优化是一个迭代的过程，决定各作业的新值具有挑战性且耗时。鉴于技术栈中有大量旋钮，需要考虑旋钮功能之间的高度相关性，如图 15-2 所示。旋钮对性能有非线性影响，需要一定的专业知识。传统上，查询优化在处理缺乏模式和统计信息的非结构化数据时会依赖数据基数，估计影响非常重要。最后，考虑到一定数据周期下的数据量是 TB 级的，因此迭代过程需要时间来评估查询优化的更改有效性。

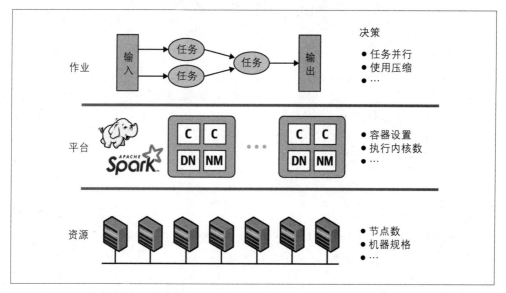

图 15-2：技术栈不同层次上的旋钮（来自 Lu 等人（*https://oreil.ly/aU5N*L））

# 15.3 定义需求

查询优化服务具有多个级别的自助服务自动化。本节介绍当前的自动化水平和服务部署的需求。

## 15.3.1 当前痛点问卷

要了解当前状态，需要考虑三类因素：

*现有的查询工作负载*

现有的查询工作负载要考虑很多关键方面，包括生产中运行的即席查询 / 计划查询 / 事件触发的查询的百分比。对于计划查询和触发查询，典型频率是潜在改进的一个重要指标。此外，还要了解查询处理中涉及的数据存储和查询引擎的多样性，以及查询执行中的典型并发度。

*未优化查询的影响*

要评估的关键指标包括未达到 SLA 的数量、处理集群的利用率水平、失败查询的数量、在集群上调度查询的等待时间以及查询完成时间（即完成重复查询的持续时间）的差异。这些指标是实现查询优化服务的潜在改进的领先指标。

*现有优化过程*

了解查询优化所遵循的现有流程：优化查询的主动式方法与被动式方法、代码审查、
了解底层系统的专业知识以及对消耗资源的查询的定期审查。

## 15.3.2 互操作需求

查询优化需要与编写查询的编程语言（Python 和 Scala）、后端数据存储（Cassandra、
Neo4j、Druid 等）、流式处理引擎和批处理引擎（Spark、Flink 和 Hive）以及云端和本
地部署环境（EC2 和 Docker）等进行互操作。

## 15.3.3 功能性需求

优化服务需要实现以下功能：

*静态查询洞察*

基于正确的原语、表的基数和其他启发式方法提供改进查询的建议。理想情况下，
不允许运行那些会影响集群处理的低效查询。

*动态查询洞察*

基于运行时分析、评测整个堆栈的单窗格，以及关于调整旋钮的建议。作业分析是
持续的，并使用每次运行查询的统计数据。

*自动调优查询*

对于常见场景，可以自动对查询进行调优，而不是显示建议。

## 15.3.4 非功能性需求

以下是在设计查询优化服务时应考虑的一些关键非功能性需求：

*可解释性*

服务应该能够理解优化服务生成建议的原因。

*最小干扰*

在使用自动调优时，服务应尽量减少误报，并确保不会因优化而产生其他负面影响。

*成本优化*

考虑到云计算中查询处理产生的巨大开销，优化服务应该能降低总成本。

# 15.4 实现模式

与现有的任务图相对应，查询优化服务有三个自动化级别，如图 15-3 所示。每个级别

对应将当前手动或效率低下的任务组合自动化：

*回避模式*
> 防止错误查询阻塞处理集群并影响其他查询。

*操作洞察模式*
> 提供查询运行时的分析统计数据洞察。操作洞察范围从用于监控整个堆栈的单个玻璃面板到关于旋钮的建议。

*自动调优模式*
> 采取措施自动调优作业的旋钮值。

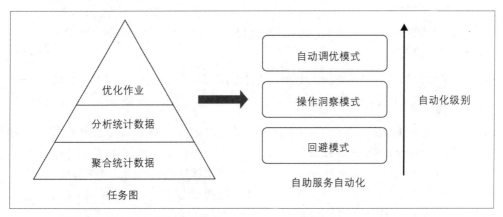

图 15-3：查询优化服务的不同自动化级别

## 15.4.1 避免模式

此模式的作用是防止写得不好的查询阻塞处理集群。它的目标是防止两种类型的错误：防止由于对数据模型和基数缺乏理解而导致的意外错误，例如在超大表上执行复杂的连接；防止错误使用与不同数据存储关联的查询构造和最佳实践。考虑到数据用户拥有不同专业知识的背景，该模式在提供自助访问的同时，也在确保安全方面起关键作用。

避免模式适用于编写查询以及在提交执行之前对查询进行静态分析期间。该模式的工作原理如下：

*在数据集中聚合元数据*
> 该模式利用元数据服务收集统计数据（基数、数据质量等）和数据类型（参见第 2 章）。

*解析查询*
> 它将查询从原始字符串转换为抽象语法树（AST）表示。

它在查询中应用规则，这包括查询原语、最佳实践、物理数据布局以及索引和视图建议。

为了说明这种模式，Apache Calcite 在查询执行之前分析查询，而 Hue 提供了一个 IDE 来避免创建一个糟糕的查询。

Apache Calcite（*https://oreil.ly/H7AeG*）为许多流行的开源数据处理系统（如 Apache Hive、Storm、Flink、Druid 等）提供了查询处理、优化和查询语言的支持。Calcite 的架构包括：

- 能够处理多种查询语言的查询处理器。Calcite 提供对 ANSI 标准 SQL 以及各种 SQL 方言和扩展的支持（例如，用于表示流式数据或嵌套数据的查询）。

- 一种适配器类型的体系结构，旨在扩展和支持异构数据模型和存储，如关系型、半结构化、流式等。

- 一个模块化和可扩展的查询优化器，具有数百个内置优化规则，以及一个统一的框架，让工程师开发类似的优化逻辑和语言支持，避免浪费工程资源。

Hue（*https://gethue.com*）提供了一个示例，通过 IDE 可以避免编写错误的查询。在 Netflix 的 Polynote（*https://oreil.ly/_B5I4*）和 Notebook 扩展中也有类似的功能。Hue 实现了两个关键模式：a）元数据浏览，它自动列出并过滤表和列以及基数统计信息；b）使用任何 SQL 方言的自动补全功能进行查询编辑，仅显示有效语法，语法突出显示关键字、可视化、查询格式化和参数化。

该模式的优点是节省了大量的生产调试时间，并防止了生产部署中的意外情况。该模式的缺点是很难统一实施，并且通常会随团队工程文化的不同而变化。

## 15.4.2 操作洞察模式

此模式侧重于分析从技术栈的多个层收集的指标，并为数据用户提供一组丰富的可操作的洞察。这类似于拥有一个专家箱，它将数百个指标关联起来以提供可操作的洞察。该模式是收集的统计数据上相关模型的集合，用于建议调整旋钮值。例如，它将应用程序性能与代码效率低下、集群资源抢占、硬件故障或低效率（例如，节点速度慢）相关联，以分析应用程序性能问题。另一个例子是通过分析两个时间段之间的集群活动、聚合集群工作负载、集群使用情况的总结报告、退款报告等来关联集群利用率。

该模式（*https://oreil.ly/AhbDU*）的工作原理具体如下：

*收集统计数据*

它从大数据栈的所有层获取统计数据和计数器。统计数据与最近成功和失败的应用程序的作业历史记录定期关联（从作业历史服务器获取的作业计数器、配置和任务数据）。

*关联统计信息*

它将堆栈中的统计信息关联起来，为管道创建一个 E2E 视图。作业编排器的详细信息可以帮助将视图拼接起来。

*应用启发式方法*

一旦所有的统计信息被聚合，它就会运行一组启发式算法，以生成关于单个启发式方法和作业整体表现的诊断报告。然后，这些都会被标记为不同的严重程度，以表明潜在的性能问题。

为了说明这种模式，下面我们介绍 Sparklens 和 Dr.Elephant 这两种提供操作洞察的流行开源项目。

Sparklens（*https://oreil.ly/5TLI4*）是针对 Spark 应用程序的分析工具，用于分析应用程序使用提供给它的计算资源的效率。它收集所有的指标，并使用内置的 Spark 调度模拟器对其进行分析。Sparklens 通过应用驱动任务、数据偏斜、缺少 worker 任务和其他一些启发式模型，来分析应用程序运行的瓶颈并限制扩展。Sparklens 使用系统化的方法提供了执行阶段可能出现问题的上下文信息，而不是通过反复试验来学习，从而节省了开发人员的精力和计算时间。

Dr. Elephant（*https://oreil.ly//uh8ww*）是 Spark 和 Hadoop 的性能监控和调优工具。它自动收集作业的指标并进行分析，以一种简单的方式呈现出来以便于使用。它的目标是通过更容易地调整作业来提高开发人员的生产力并提升集群效率。它使用一组可插拔的、可配置的、基于规则的启发式方法（这些启发式方法提供关于作业如何执行的洞察）来分析 Hadoop 和 Spark 作业，然后使用结果提出关于如何优化作业以使其更高效地执行的建议，如图 15-4 所示。它还计算了作业的一些指标，为作业在集群上的性能提供了有价值的信息。总体而言，操作洞察模式避免了试错，并根据统计数据的分析结果提供建议。

## 15.4.3 自动调优模式

此模式的目标是开发一个优化器，自动调优操作来提高查询的性能。这类似于自动驾驶汽车，操作不需要数据用户的干预。自动调优考虑了整个技术栈的配置和统计信息。数据库和大数据系统的自动调优有多种不同的方法。如 Lu 等人（*https://oreil.ly/nxr57*）所述，自动调优优化器的工作方式如下：

- 优化器将当前旋钮值、当前统计数据和性能目标作为输入，如图 15-5 所示。

- 优化器对不同旋钮值的预期性能结果进行建模，以确定最佳值。本质上，优化器需要在假设资源需求和旋钮值改变的情况下，针对不同的工作负载类型去预测性能表现。

- 应用或推荐新值。调优动作应该是可解释的，以便进行调试。优化器通常实现一个反馈循环来迭代学习。

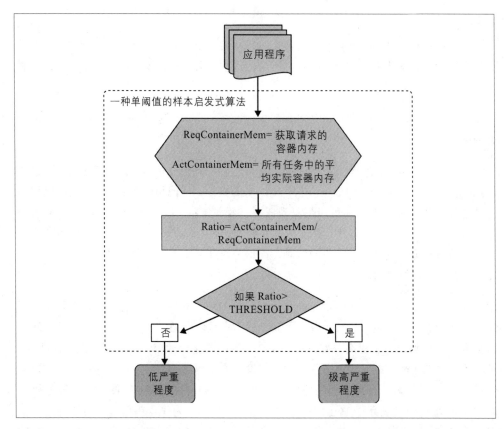

图 15-4：Dr. Elephant（来自 LinkedIn Engineering（*https://oreil.ly/EglCm*））的推荐规则示例

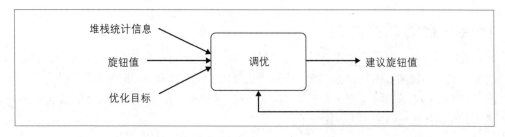

图 15-5：优化器（自动调优模式）的输入和输出

构建自动调优优化器有多种方法，如图 15-6 所示。在 20 世纪 60 年代，数据库自动调优技术是基于规则的，这是基于人类专家的经验。在 20 世纪 70 年代，基于成本的优化出现了，其中使用统计成本函数进行调优，这被称为基于约束的优化。从 20 世纪 80 年代到 2000 年，人们采用实验驱动和模拟驱动的方法，通过不同参数值的实验来学习调优行为。在过去的十年中，自适应调整方法被用来迭代地调优值。在过去的几年中，采用了基于强化学习的机器学习技术。

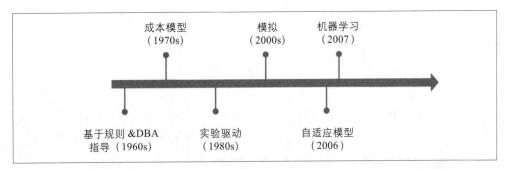

图 15-6：自动调优优化器发展途径的时间轴视图（来自 Lu 等（*https://oreil.ly/9pHNt*））

自动调优模式的优点是提高了生产力，因为它能帮助对系统内部了解很少或根本不了解的数据用户提高查询性能。缺点是不正确的调优有可能造成负面影响或导致生产中断。通常，部署机器学习模型需要大量的训练。

# 15.5 总结

由于查询引擎和数据存储中有数百个旋钮，因此查询调优需要有深厚的底层软硬件堆栈专业知识。虽然这是一个难题，但查询调优已成为数据团队的必备条件：

*更快的执行速度和严格的 SLA*

考虑到数据量不断增长，优化查询以及时完成查询非常重要，尤其是当查询因业务原因需要在严格的时间窗口内完成时。

*更高的资源利用率*

能够在分布式硬件资源上进行扩展处理是关键。在云端运行查询时，这在节约成本方面也起到了重要作用，因为云端查询的成本可能相当高。

*性能隔离*

在多租户部署中，处理集群由多个团队共享，编写不当的查询可能会导致系统崩溃。在生产过程中，必须对影响完成时间的低效查询进行过滤。

# 第 16 章

# 管道编排服务

到目前为止，在操作阶段，我们已经优化了各个查询和程序，现在是时候在生产中调度和运行这些查询和程序了。查询或程序的运行时实例称为作业。作业调度需要考虑到正确的依赖项。例如，如果一个作业从一个特定的表中读取数据，那么在上一个填充表的作业完成之前，它不能被运行。概括地说，作业管道需要按照特定的顺序进行编排，从数据接入到数据准备再到数据处理，如图 16-1 所示。

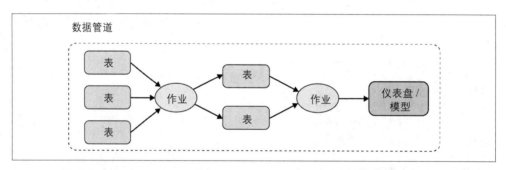

图 16-1：管道的逻辑表示，执行一系列依赖作业，以生成机器学习模型或仪表盘形式的洞察

为数据处理和机器学习编排作业管道有几个痛点。首先，定义和管理作业之间的依赖项是即席的，容易出错。数据用户需要在管道演进的生命周期中指定这些依赖项并对它们进行版本控制。其次，管道所涉及的服务包括接入、准备、转换、训练和部署。在这些服务中监控和调试管道的正确性、健壮性和及时性是很复杂的。最后，管道编排需要考虑多租户的场景，支持多个团队和业务用例。编排是确保管道 SLA 和有效利用底层资源的平衡行为。因此，编排耗时会有所增加，这包括设计作业依赖项的时间和在生产中高效执行作业的时间。考虑到管道依赖项在其生命周期中迭代演进和重复执行，这反过来又影响了整体的洞察耗时。

理想情况下，编排服务应该允许数据用户以简单的方式定义和版本控制作业的依赖项。

在幕后，服务应该自动将依赖项转换为可执行逻辑，通过与服务有效集成来管理作业执行，并在失败时重试。编排服务确保在多租户部署中实现最佳的资源利用率、管道SLA、自动扩展和隔离。该服务应易于管理，并在生产规模上支持监控和调试。该服务最大限度地缩短了编排耗时，有助于减少整体的洞察耗时。

# 16.1 路线图

在探索阶段和生产阶段都需要编排管道。这些管道调用各种作业，例如数据迁移、整理、转换和模型训练。管道可以一次性调用，也可以根据新数据可用、模式变更等事件进行调度或触发。E2E 管道涉及的技术包括原始数据存储、数据接入和收集工具、一个或多个数据存储和分析引擎、服务数据储存和数据洞察框架，如图 16-2 所示。

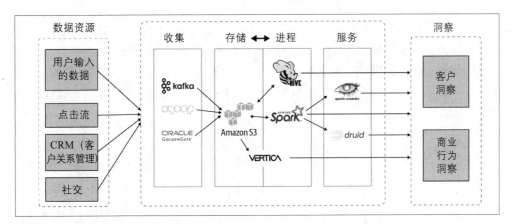

图 16-2：实例技术的 E2E 管道结构

## 16.1.1 调用探索性管道

在构建过程中，通过构建管道来探索数据集、特征、算法模型和配置的不同组合。用户定义依赖项并手动触发管道。管道编排的目标是获得快速的响应并在管道上迭代。探索性管道应在不影响生产管道的情况下运行。

## 16.1.2 运行受 SLA 约束的管道

在生产中，管道通常是定期设定的，并有严格的 SLA 完成度。编排需要处理多个极端情况，并在执行步骤之间构建适当的重试逻辑和数据质量检查。如果管道没有完成，则需要对其进行调试，以确定是否存在转换逻辑错误、OOM 失败、变更管理不当等问题。数据用户依赖即席工具来管理生产中的管道，并与数据工程团队协作来调试拖慢整个流程的问题。

# 16.2 最小化编排耗时

编排耗时包括设计作业依赖项、在可用硬件资源上高效地执行它们，以及监控它们的质量和可用性（特别是对于受 SLA 约束的生产管道）等花费的时间。编排服务分为三个不同的阶段：设计阶段、执行阶段和生产调试。该服务的目标是尽可能减少在每个阶段中花费的时间。

## 16.2.1 定义作业依赖项

作为构建管道（将源数据转换为洞察）的一部分，数据用户需要指定管道中涉及的作业及其依赖项和调用规则。作业可以即席调用，也可以按计划调用，也可以基于触发器调用。作业依赖项以 DAG 的形式表示。

在规模上确保依赖项的正确性并非易事。缺少依赖项可能会导致不正确的洞察，是生产部署中的一个重大挑战。用代码的变化跟踪依赖项的变化很难进行版本控制，虽然依赖的作业可能已经完成，但它可能无法正确处理数据。除了了解依赖的作业之外，生产部署还需要一些方法来验证前面步骤的正确性（即，需要有基于数据正确性的断路器）。

作业依赖项不是不变的，而是在管道生命周期中不断演进。例如，仪表盘中的更改可能会对由另一个作业填充的新表创建依赖项，需要适当地更新依赖项以反映对新作业的依赖项。

## 16.2.2 分布式执行

作业在分配给编排器的分布式计算机集群上执行。需要对管道 DAG 进行持续评估。随后，跨多个租户的适用作业排队等待执行，并及时调度以确保 SLA。编排器会扩展底层资源来满足执行的需要。编排器执行平衡操作，以确保管道 SLA、最佳资源利用率和租户之间资源分配的公平性。

由于面临一些挑战，所以分布式资源管理非常耗时。首先，要确保多个租户之间的隔离，以便其中一个作业的处理速度下降不会阻塞同一集群上其他不相关的作业。其次，随着管道数量的增加，单个调度器可能会成为瓶颈，导致作业执行的等待时间过长。有一种方法将作业在并行调度器上进行分区，可以在可用资源上进行扩展。再次，考虑到作业的异构性，需要利用一系列自定义执行器来执行数据迁移、模式服务、处理和机器学习任务。除了资源管理之外，作业执行还需要适当重试执行错误的作业，当崩溃的机器发生故障时，作业需要恢复。最后，执行需要故障转移，然后通过适当的选举机制 (leader election) 以继续执行。记住，重新恢复管道的状态至关重要。

### 16.2.3 生产监控

在生产中部署管道后，需要对其进行监控以确保 SLA 并主动发出问题告警。在生产中，可能会出现一些问题，从作业错误到底层硬件问题。主动检测这些问题对于满足 SLA 至关重要。趋势分析用于主动发现异常情况，细粒度监控与日志记录相结合可以帮助区分长时间运行的作业和因错误而停滞的作业。

在生产中监控管道编排很复杂，需要进行细粒度监控以区分长时间运行的作业和因错误而停滞不前的作业。调试根本原因分析需要理解和关联多个系统的日志和元数据。

# 16.3 定义需求

编排服务可以具有多个级别的自动化和自助服务。本节介绍当前的自动化水平和初始部署的需求。

## 16.3.1 当前痛点问卷

要了解当前状态，需要考虑三类因素：

*如何定义依赖项*

　　此类别中的关键考虑因素包括：准备执行作业所花费的时间；如何发现依赖项以及定义依赖项所需的数据用户专业知识水平；在生产中遇到了多少缺少依赖项的编排问题（即，是否是依赖项错误导致了模型和仪表盘中与洞察正确性相关的关键问题？）

*管道的编排方式*

　　此类别中的关键考虑因素包括：提交作业后调度作业的时间（等待时间）；作业完成时间随集群负载的变化；与缺失 SLA 相关的事件数量；与集群宕机时间有关的问题数；底层集群资源的平均利用率；与编排集群关联的宕机时间；作业错误后自动重试。

*在生产中如何有效地监控管道*

　　此类别中的关键考虑因素包括：数据用户是否可以自助进行监控和调试，并了解作业的当前状态；是否可以针对失败作业或缺失 SLA 的事件提供通知；基于异常告警的误报数；聚合日志和了解作业当前状态的时间。

## 16.3.2 操作需求

自动化需要考虑部署流程、技术工具和框架。这些配置因部署而异。操作需求可分为三类：

*管道依赖项的类型*

管道可以按计划执行，可以使用用户命令即席执行，也可以由数据可用性事件触发。服务需要为适当的规则和触发器提供支持。数据用户还应该能够指定管道的优先级和 SLA。

*与部署技术的互操作性*

出发点是了解管道运行的不同环境：内部环境、云端环境，或两者的混合环境。对于每个环境，列出与执行作业相关的技术，即虚拟化技术（如 Docker）、作业编程语言（如 Python）、作业依赖项规范框架、监控技术框架和基于事件执行的无服务器技术框架。

*速度与容量*

这是指作业编排的规模，包括要支持的并发作业数（最大值和平均值）、作业的平均耗时、租户团队的数量、服务器节点的典型数量以及正常运行时间需求。

## 16.3.3 功能性需求

除了简化作业依赖项、提供可靠和最佳的执行与自动监控等核心功能外，下面是需要考虑的一些功能性需求：

*特定于服务的适配器*

与一般的 shell 命令执行器不同，编排器可以实现适配器来调用专门的作业，例如接入、实时处理、机器学习构造等。与作为普通 shell 请求执行相比，与特定于服务的 API 深度集成可以改进作业执行和监控。

*作业执行检查点*

对于长时间运行的作业，检查点可以帮助恢复作业，而不是重新启动作业。如果在没有任何数据更改的情况下调用作业，检查点还可以重用以前的结果。通常，如果存在具有严格 SLA 的长时间运行作业，检查点将成为一个关键需求。

*资源扩展*

分配给编排器的硬件资源应该能够根据未完成请求的队列深度自动扩展。这通常适用于具有不同数量和类型的管道的环境，静态的集群规模要么性能不佳，要么在资源分配方面造成浪费。

*自动审核和回填*

与管道编排相关的配置更改，如编辑连接、编辑变量和切换工作流，需要保存到审核存储中以便日后搜索调试。对于管道不断演进的环境，通用回填功能将允许数据用户创建并轻松管理任何现有的管道回填。

### 16.3.4 非功能性需求

以下是编排服务设计中应考虑的一些关键非功能性需求：

*成本*
> 编排在计算上很昂贵，因此优化相关的成本至关重要。

*简单的设计*
> 该服务需要是自助式的，以供数据科学家、开发人员、机器学习专家和操作员工等广泛的用户使用。

*可扩展性*
> 服务应该是可扩展的，以适应不断变化的环境，并且能够支持新的工具和框架。

# 16.4 实现模式

与现有的任务图相对应，编排服务有三个自动化级别，如图 16-3 所示。每一个级别都对应将当前手动或效率低下的任务组合自动化：

*依赖项编写模式*
> 简化作业依赖项的规范，防止出现与依赖项相关的错误。

*分布式执行模式*
> 在多个租户管道的受 SLA 约束的管道执行之间创建并行性。

*管道可观测性模式*
> 为数据用户提供调试和监控自助服务，以主动发现和避免问题。

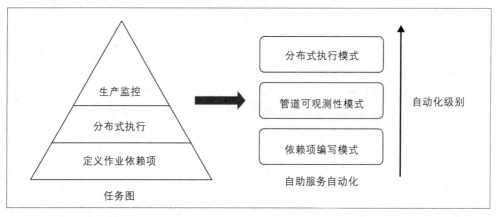

图 16-3：编排服务的自动化级别

## 16.4.1 依赖项编写模式

这些模式的重点是简化数据用户的作业依赖项的编写。目标是为广大用户提供灵活性、表现力和易用性之间的最佳权衡，以正确定义依赖项。在此类别中，模式的组合是由开源管道编排器（即 Apache Airflow、Uber 的 Piper、Netflix 的 Meson 和 Uber 的 Cadence（一种通用编排器））实现的。依赖项编写的模式可以分为三大类：领域特定语言（DSL）、UI 拖放和过程代码。

在高级别上，这些模式的工作原理如下：

1. 用户使用 DSL、UI 或代码指定依赖项。该规范使用一组构建块来定义依赖项的触发器和规则，并且规范受版本控制。

2. 编排器解释规范，这些规范在内部用 DAG 表示。

3. 在作业执行期间会持续评估依赖项。当满足依赖项时，将调度作业执行。

Apache Airflow（*https://oreil.ly/1PDuv*）实现了基于 DSL 的依赖项定义。例如，使用 Airflow 的基于 Python 的 DSL 有三种不同的方法来指定依赖项 DAG：Job A → Job B → Job C：

• 使用下游函数：a.set_downstream(b)；b.set_downstream(c)

• 使用上游函数：c.set_upstream(b)；b.set_upstream(a)

• 使用运算符：a>>b>>c 或 c<<b<<a。依赖项也可以是列表或元组：a>>b>>(c,d)

依赖项与实际代码分开管理，并在内部用 DAG 表示。除了依赖项之外，还可以在 Airflow 中使用 all_success、all_failed、all_done、one_failed、one_success、none_failed、none_skipped 和 dummy 等原语定义作业触发规则。另一个基于 DSL 的实现示例是 Netflix Meson，它使用基于 Scala 的 DSL。

Uber 的 Piper 编排器扩展了 Airflow，并为不熟悉 Python 开发的用户实现了可视化的拖拽创作。特定于域的 UI 帮助用户创建特定于垂直领域的管道，如机器学习、仪表盘和接入。可视化规范被转换并实现为 DAG。另外，Uber 的 Cadence 编排器在 Java、Python 和 Go 中将依赖项作为过程代码的一部分来实现。它还允许使用 REST API 进行管道定义。

与代码相比，DSL 和 UI 编写模式的优势在于，它们使编写作业依赖项可以被广大的数据用户访问，避免了实现错误，并且将依赖项逻辑的跟踪与实现分开。这些模式使依赖项更容易演进和优化。模式的弱点是它们在指定高级依赖项方面存在局限性。

对于组织内一系列数据用户来说，选择正确的创作模式是灵活性和易用性之间的平衡。

在基于 UI 或基于代码的依赖项创作之间，DSL 创作是一个很好的中间地带。高级数据用户更喜欢使用版本控制和持续集成将依赖项作为代码进行管理。

## 16.4.2 管道可观测性模式

这些模式提供了对管道进度的监控、违反 SLA 和错误的告警以及与管道相关的调试帮助。主动检测问题对于生产数据和机器学习管道至关重要，其目标是帮助管道实行自助管理服务，以便数据用户可以可视化、管理和调试当前和过去运行的作业和管道。

有一个用于管道可观察性的模式集合。这些模式的一般构建块如下：

*收集*

在管道作业中调用不同服务，以聚合监控数据。监控数据是日志、统计信息、作业计时（完成时间、调用计划等）、数据处理和特定服务统计信息（如数据接入、模型训练和部署）的集合。

*分析*

关联和分析细节以了解管道的当前状态。

*告警*

比较异常告警的当前值和历史值。记录用户的反馈以减少误报。

Apache Airflow 在数据库（通常是 MySQL 或 PostgreSQL）中保存与管道关联的元数据。元数据支持多个可视化，以帮助数据用户管理和监控管道。一些可视化示例如下：

- DAG 视图，列出环境中的 DAG，显示已成功、失败或当前正在运行的作业。

- 图形视图，用于可视化特定运行的 DAG 依赖项及其当前状态。

- 甘特图视图，显示作业持续时间和重叠情况，以确定瓶颈和特定 DAG 运行的大部分时间。

- 任务持续时间视图，显示作业在过去 $N$ 次运行中的持续时间，并帮助识别异常值。

另一种模式是在未达到 SLA 时发出告警。作业或 DAG 预计完成的时间与平常作业完成时间的差值作为时间间隔，并将此间隔设置成作业级别。如果一个或多个实例在此时间未成功，则会发送一封告警电子邮件，详细列出未达到 SLA 的作业列表。事件也会记录在数据库中，并可以在 UI 中查看。

Netflix 的 Meson（*https://oreil.ly/TqLre*）编排器实现了对管道作业的细粒度进度跟踪。当作业被调度时，Meson 作业执行器与调度器利用通道保持通信。执行器持续发送心跳、完成百分比、状态信息等。它还会发送自定义数据，这些数据比单纯的退出代码或作业完成时的状态信息更丰富。另一种模式是将管道中的作业输出视为 first-class citizen，并将它们存储为工件。可以根据工件 ID 是否存在，从而决定是否跳过作业的重试。

总的来说，编排可观察性模式对于生产规模的自助监控和告警，以及满足关键管道的 SLA 至关重要。

## 16.4.3 分布式执行模式

此模式侧重于将管道作业分布到可用的服务器资源上。该模式需要平衡异构硬件资源的利用率，并行化管道执行以满足 SLA，并确保跨多个租户的作业资源公平分配。

通常，分布式执行模式包括两个关键构建块：

*调度器*

负责调度管道和作业。调度器考虑各种因素，例如调度间隔、作业依赖项、触发规则和重试，并使用这些信息计算下一组要运行的作业。一旦资源可用，它就将作业排队并等待执行。请求被排队并分派以在可用资源上执行。

*工作节点（worker）*

负责执行作业。每个工作节点从队列（存储在消息框架或数据存储中）中提取下一个要执行的作业，并在本地执行该任务。元数据数据库记录可执行的作业的详细信息。

为了说明这一点，Airflow 实现了一个多线程的单例调度器服务。调用作业的消息在 RabbitMQ（*https://www.rabbitmq.com*）或 Redis（*https://oreil.ly/c-dhk*）数据库中排队。这些作业分布在多个 Celery（*https://oreil.ly/lk2CR*）的工作节点中。Airflow 调度器监控所有的任务和 DAG，并触发满足依赖项的作业实例。在后台，它会启动一个子进程，该子进程监控它可能包含的所有 DAG 对象文件夹，并与之保持同步，同时定期（每分钟）收集 DAG 解析结果并检查活动作业，以确定是否可以触发它们。

Airflow 调度器被设计为在 Airflow 生产环境中作为常驻服务运行。

现实世界中的部署容易出现单点故障或饱和。为了提高可用性，Uber 的 Piper（*https://oreil.ly/G5ZZU*）编排器实现了以下模式：

*选举机制*

对于任何要作为单例运行的系统组件（如执行器（executor）），选举机制功能会自动从可用的备份节点中选择领导节点（leader）。这消除了单点故障，还减少了部署、节点重启或节点重定位期间产生的任何停机时间。

*任务分区*

为了管理越来越多的管道，额外的调度器会自动分配一部分管道。当新的调度器联机时，一组管道会自动分配给它，然后新的调度器可以开始调度它们。当调度器节点联机或脱机时，管道集将自动调整，从而实现高可用性和水平可扩展性。

*硬件宕机时的高可用性*

服务必须在不停机的情况下优雅地处理容器崩溃、重启和容器重定位。Piper 利用 Apache Mesos 在 Docker 容器中运行服务，自动监控容器的运行状况，并在出现故障时启动新实例。

为了高效地执行作业，Meson 实现了与特定环境的适配器的本地集成。Meson 支持 Spark Submit，允许监控 Spark 作业的进度，并能够重试失败的 Spark 步骤或终止可能出现异常的 Spark 作业。Meson 还支持针对特定 Spark 版本的功能，允许用户使用最新版本的 Spark。

考虑到数据和作业数量不断增长，具有可自动扩展的高度可扩展的执行至关重要。分布式执行模式可以根据可用资源进行扩展，平衡服务时间和等待时间。

# 16.5 总结

编排作业是在高效的资源利用、作业的性能 SLA 和作业之间的数据依赖项之间进行的平衡。在实际部署中，确保强大的编排服务有效地与管道服务集成，并在多租户部署中提供自动扩展和隔离至关重要。

# 第 17 章

# 模型部署服务

在生产中部署洞察的过程中，我们优化了处理查询并编排了作业管道。现在我们已经准备好在生产中部署机器学习模型，并根据再训练定期更新。

有几个痛点拖慢了部署服务。第一，用于部署模型的非标准化自定义脚本需要支持一系列机器学习模型类型、机器学习库和工具、模型格式和部署终端（如物联网（IoT）设备、移动设备、浏览器和 Web API）。第二，一旦部署，就没有标准化的框架来监控模型的性能。考虑到模型托管的多租户环境，监控可以确保模型的自动扩展和与其他模型的性能隔离。第三，在数据分布随时间推移而偏移的情况下确保模型的预测准确度。在初始模型部署期间以及监控和升级期间，部署耗时会影响总体的洞察耗时。数据用户需要依赖数据工程来管理部署，这会进一步影响总体的洞察耗时。

理想情况下，自助模型部署服务应该可以将经过训练的模型从任何机器学习库部署到任何模型格式中，以便在任何终端进行部署。一旦部署完毕，服务会自动扩展模型部署。对于现有模型的升级，服务支持金丝雀部署、A/B 测试和持续部署。该服务自动监控在线推理的质量，并向数据用户发出告警。自助模型部署服务的例子有 Facebook 的 FBLearner、谷歌的 TensorFlow Extended、Airbnb 的 Bighead、Uber 的 Michelangelo 和 Databricks 的 MLflow 项目。

## 17.1 路线图

模型部署可以被视为一个一次性或连续的过程，按照计划进行。部署的模型服务于多个客户端，并自动扩展从而及时提供预测服务，如图 17-1 所示。

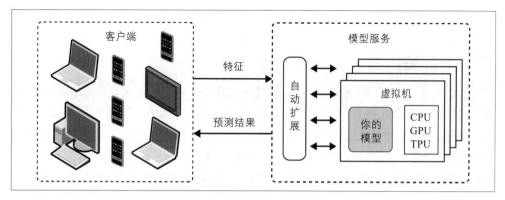

图 17-1: 模型服务，其中客户端提供特征，部署的模型则以预测结果来响应

## 17.1.1 生产中的模型部署

训练结束后，模型将部署到生产中，目标是确保模型能在生产中可靠地运行，类似于在训练期间的运行方式。在此阶段，将模型打包并推送到离线作业以进行计划性的批处理推理，或推送到在线终端容器以进行实时的请求和响应推理。应用程序通过 API 调用在线模型并用预测结果进行响应，而离线模型则按计划调用，然后推理被写回数据湖中，以供下游的批处理作业使用，或由用户直接通过查询工具访问。通过建立管道以获取模型推理所需的特征，数据用户需要对预期吞吐量（每秒预测）和响应时间延迟有一个大致的估计。设置监控以跟踪指标的准确度并根据阈值生成告警。如今，由于缺乏标准化，数据用户依赖工程团队来管理生产中的模型部署。

## 17.1.2 模型维护与升级

定期对模型进行再训练，以纳入新的标签数据。对于连续的在线训练，模型会在每个新的数据记录上更新。在此阶段，需要在不影响应用程序的情况下部署更新的模型。部署需要适应不同的场景，例如金丝雀部署或 A/B 测试部署和分区模型部署。这些场景包括使用不同的模型对不同的用户进行预测，然后分析结果。金丝雀测试允许你在风险最小的情况下，通过先部署一部分用户来验证一个新版本。用户分割可以基于策略来进行，一旦满足，就可以逐步推出该版本。A/B 测试比较同一功能的不同版本的性能，同时监控点击率（CTR）、转化率等高级指标。分区模型以分层方式组织。例如，像 Uber 这样的共享服务可能对所有城市都有一个单一的层次模型，而不是为每个城市建立单独的模型。模型升级和 A/B 测试的流程是非标准的，并由不同的团队管理。

# 17.2 最小化部署耗时

部署耗时表示在部署期间以及部署后在生产中进行扩展和偏移监控所花费的时间。部署耗时分为以下三类：部署编排、性能扩展和偏移监控。

## 17.2.1 部署编排

编排包括在生产终端上部署模型，终端包括独立的 Web 服务、嵌入应用程序内的模型、物联网边缘设备上的模型等。机器学习库、工具、格式、模型类型和终端有大量的组合，将模型无缝地序列化部署到给定的终端容易出错且耗时。管理用于金丝雀部署和 A/B 测试的多个模型需要通过脚本来分割模型之间的流量。由于终端在计算、内存和网络资源方面各不相同，因此模型需要针对终端进行压缩和优化。升级模型需要以无中断的方式进行编排，以便应用程序请求不受影响。

今天的团队重新发明轮子，将工作流应用于不同的部署排列。一个工具能提供所有功能并不重要，重要的是要有一套能够处理工作流所有步骤的集成工具。

## 17.2.2 性能扩展

性能扩展包括分配适当数量的资源，以适应模型预测不断变化的负载。检测减速需要考虑模型类型、输入特征基数、在线训练数据大小和其他几个因素的阈值。为了处理不断变化的需求，模型需要扩容和缩容。考虑到模型是无状态的，可以启动额外的实例来管理增加的负载，从而允许水平扩展。对于独立服务部署，模型通常与其他模型一起部署在容器上。调试其他模型的干扰对性能的影响很难管理。为了利用 GPU 等高级硬件，需要对发送到模型的请求进行批处理，以在延迟范围内提高吞吐量。大多数任务都是以一种即席的方式处理的，既可以是手动的，也可以是半自动的。

## 17.2.3 偏移监控

偏移监控包括持续验证受特征分布值变化、语义标签变化、推理数据段分布等影响的推理的正确性。度量推理质量会基于多个指标，并因模型类型而异。数据用户面临的一个挑战是需要复杂的工程技术将实际结果与预测结果结合起来。跟踪特征值分布和推理输入历史是即席的，通常根据数据用户的工程技能而变化。

# 17.3 定义需求

给定一个经过训练的模型，部署服务将自动执行模型到终端的部署、扩展和生命周期管理。数据用户应该能够自助服务，而无须依赖工程团队或有技术债的即席查询脚本。考虑到众多的组合，根据具体的需求和平台的当前状态，要求也有所不同。

## 17.3.1 编排

模型基本上可以视为算法和配置细节的组合，可以用来根据一组新的输入数据进行新的预测。例如，算法可以是一个随机森林，配置细节是在模型训练期间计算的系数。一旦根据业务需求训练出一个模型，则在部署编排上需要考虑几个需求，即终端配置、模型格式和生产场景（如升级）。

**部署终端**

生产中的模型部署大致分为离线部署和在线部署。离线部署按计划生成批处理推理，而在线部署则近实时地响应应用程序预测请求（可单独发送或批处理发送）。

模型的部署终端可以使用以下模式之一打包：

*嵌入式模型*

模型在消费应用程序（consuming application）中构建和打包，模型代码作为应用程序代码的一部分被无缝管理。在构建应用程序时，模型嵌入同一个 Docker 容器中，这样 Docker 镜像成为应用程序和模型工件的组合，然后进行版本调整并部署到生产中。此模式的一个变体是库部署，其中模型作为库嵌入应用程序代码中。

*作为独立服务部署的模型*

模型被打包到一个服务中，该服务可以独立于消费应用程序进行部署，因此允许独立发布模型的更新。

*发布/订阅模型*

模型可以被独立地处理和发布，但是消费应用程序接收来自数据流的推理，而不是 API 调用。这通常适用于流式应用程序场景，在这些场景中，应用程序可以订阅数据流，执行拉取客户资料信息等操作。

**模型格式**

模型需要序列化成多种不同的格式来实现互操作性。模型格式可以分为语言无关的交换格式和语言相关的交换格式。

在语言无关的交换格式中，预测模型标记语言（Predictive Model Markup Language，PMML）最初被认为是一种"事实上的标准"，它提供了一种共享模型（如神经网络、支持向量机（SVM）、朴素贝叶斯分类器等）的方法。PMML 是基于 XML 的，鉴于 XML 不再被广泛使用，因此 PMML 在深度学习领域并不受欢迎。PMML 的继任者——可移植格式分析（PFA）基于 Avro 格式，并由同一个组织开发。与此同时，Facebook 和微软联手创建了 ONNX（开放神经网络交换），它使用谷歌的协议缓冲区作为一种可互操作的格式。ONNX 专注于推理所需的功能，定义了一个可扩展的计算图模型，以及内置运算符和标准数据类型的定义。ONNX 受到广泛支持，可以在许多框架、工具和硬件中找到它的身影。

以下是语言相关的交换格式类别中的常用格式：

- Spark MLWritable 是 Spark 附带的标准型号存储格式，仅限于在 Spark 内使用。

- MLeap 为导出和导入 Spark、scikit-learn 和 TensorFlow 模型提供了一种通用的序列化格式。

- Pickle 是一个标准的 Python 序列化库，用于将 scikit-learn 和其他机器学习库中的模型保存到文件中。可以加载该文件来反序列化模型并进行新的预测。

**模型部署场景**

数据用户需要多个不同的部署场景：

*无中断升级*

使用最新的版本更新已部署的模型，不影响依赖模型的应用程序。这尤其适用于打包为独立服务的模型。

*影子模式部署*

此模式捕获了生产中新模型的输入和推理，而不实际为这些推理提供服务。如果检测到 bug，就可以对结果进行分析，且不会产生重大后果。

*金丝雀模型部署*

如前所述，金丝雀发布将新模型应用于一小部分服务请求。它需要成熟的部署工具，但可以最小化当错误发生时所产生的后果。传入的请求可以通过多种方式进行拆分，以确定它们将由旧模型还是新模型提供服务：随机的、基于地理位置或特定的用户列表等。此外还需要有粘性，即在测试期间，必须将指定用户路由到运行新版本的服务器。这可以通过为这些用户设置特定的 cookie 来实现，允许 Web 应用程序识别他们并将他们的流量发送到适当的服务器。典型的方法是使用切换 Web 服务和两个单独模型终端进行金丝雀测试。

*A/B 测试部署*

使用 A/B 测试服务（见第 14 章），不同的用户组可以使用不同的模型。支持 A/B 测试需要编排服务的粘性，即构建用户存储桶（bucket），将它们粘贴到不同的终端，并记录各自的结果。一个关键要求是能够将多个模型部署到同一个终端。

# 17.3.2 模型扩展与性能

回答以下有关模型扩展和性能的问题很重要：

- 计划部署多少个模型？这些模型中离线与在线的比例是多少？

- 模型需要支持的每秒预测的最大预期吞吐量是多少？

- 是否需要实时提供服务的在线模型？最大可容忍的响应时间延迟有多大？毫秒级还是秒级？

- 模型在反映新的数据样本方面的新鲜度如何？对于模型的在线训练，将使用的大概数据量是多少？MB、GB、TB？模型预计多久更新一次？

- 如果部署在受监管的环境中，审计请求服务所需的日志记录级别是多少？

## 17.3.3 偏移验证

一般来说，模型有两种衰减方式：数据偏移和概念偏移。在数据偏移的情况下，数据会随着时间的推移而演变，可能会引入以前看不到的变体和新的数据类别，但对之前标记的数据没有影响。在概念偏移的情况下，数据的解释会随着时间而变化，即使数据的总体分布没有变化。例如，我们过去认为属于 A 类的东西，现在我们认为它应该属于 B 类，因为我们对 A 和 B 的理解已经改变。根据不同的应用程序，可能需要检测数据偏移和概念偏移。

## 17.3.4 非功能性需求

以下是在设计模型部署服务时应考虑的一些关键非功能性需求：

*鲁棒性*

　　服务需要能够从故障中恢复，并优雅地处理部署过程中遇到的暂时性或永久性错误。

*简单直观的可视化*

　　服务应该有一个自助用户界面，服务于具有不同程度工程专业知识的广泛数据用户。

*可验证性*

　　服务应该可以测试和验证部署过程的正确性。

# 17.4 实现模式

与现有的任务图相对应，模型部署服务有三个自动化级别，如图 17-2 所示。每个级别对应将当前手动或效率低下的任务组合自动化：

*通用部署模式*

　　部署使用不同编程平台和终端类型开发的模型类型。

*自动扩展部署模式*

上下扩展模型部署以确保 SLA 性能。

*模型偏移跟踪模式*

验证模型预测的准确度，以便在问题影响到应用程序的用户之前主动检测问题。

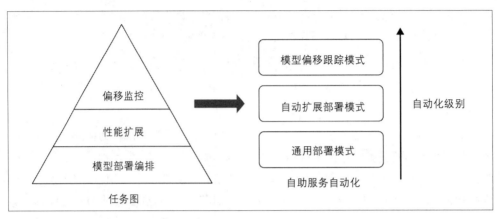

图 17-2：模型部署服务的不同自动化级别

## 17.4.1 通用部署模式

通用部署模式标准化了数据用户部署模型的方法，而不局限于特定的编程工具或终端。考虑到在模型类型、编程库和工具以及终端类型方面都缺乏缺乏通用方案，这种模式正变得越来越重要。

该模式由三个构建块组成：

*模型序列化*

模型被编译成单一的序列化格式，可以在不同的终端部署。序列化格式独立于创建模型的源代码，包含所有与模型相关的所需工件，包括模型参数权重、超参数权重、元数据和已编译的特征 DSL 表达式。模型序列化有两种方法：a）跨编程框架和部署的单一打包标准；b）将模型的多种格式打包在一起，并视情况应用于终端。

*模型识别*

金丝雀部署和 A/B 测试场景可以部署多个模型。在部署时，模型由通用唯一标识符（UUID）和可选标签识别。一个标签可以与一个或多个模型相关联，通常使用具有相同标签的最新模型。对于在线模型，模型 UUID 用于标识将用于服务预测请求的模型。对于离线模型，所有部署的模型都用于对每个批处理数据集进行评分，预测记录包含了用于结果过滤的模型 UUID。

*终端部署*

> 模型可以部署到不同类型的终端。验证前步骤确保将模型推送到终端的准确性。对于独立部署，可以同时将多个模型部署到给定的服务容器中，也可以将现有模型替换为预测容器，自动从磁盘加载新模型并开始处理预测请求。对于模型的 A/B 测试，实验框架使用模型的 UUID 或标签自动向每个模型发送部分流量并跟踪性能指标。这允许从旧模型到新模型的安全过渡以及模型的并行 A/B 测试。为了在移动设备和物联网设备上发布机器学习模型和运行推理任务，需要对大型模型进行压缩，以降低能耗并加快计算速度。压缩通常会删除模型中不必要的参数。这需要对同一个作业进行多次训练，以便在不影响模型质量的情况下获得最佳的压缩效果。

下面我们以 MLflow 和 TFX 开源项目为例来说明与序列化模型格式相关的两种方法。

*多种风格打包在一起*

> MLflow Model（*https://oreil.ly/T9xdp*）定义了一个协议，允许我们以不同的风格保存模型，以便被不同的下游终端理解。每个 MLflow Model 都是一个包含任意文件的目录，其根目录中的 mlmodel 文件可以定义多种风格，并可以在其中查看模型。特定模型支持的所有风格都是在其 mlmodel 文件中以 YAML 格式定义的。风格是使 MLflow 模型强大的关键概念：它们是部署工具可以用来理解模型的协议，可以帮助编写工具，从而与任何机器学习库中的模型一起工作，而不必将每个工具与每个库集成。

*单一格式集成*

> TensorFlow Extended（*https://oreil.ly/GJ3xZ*）与编程环境集成，以生成可以部署在多个 TFX 终端中的模型。它可以生成两种模型格式。SavedModel 和 EvalSavedModel 除了参数值之外，SavedModel 格式还包括模型定义的计算序列化描述。它包含一个完整的 TensorFlow 程序，包括权重和计算，并且不需要原始的模型来构建运行代码。模型的评估图将导出到 EvalSavedModel，它包含在大量数据和用户定义的切片上计算模型中定义的相同评估指标的相关附加信息。SavedModel 被部署到终端，EvalSavedModel 用于分析模型的性能。

我们使用 Uber 的 Michelangelo 来说明终端部署是如何工作的。模型会被部署到一个预测服务中，该服务接收请求（通过远程过程调用（RPC）以 Thrift 请求的形式发送），从特征存储中获取特征，执行特征转换和选择，并调用模型来进行实际预测。相反，TFX 将所有的特征处理嵌入管道中，并以 TensorFlow 图的形式表示。

通用部署模式的优势在于它的灵活性——构建一次，部署多次（类似于 Java "一次编写，随处运行"的价值主张）。该模式的缺点是在没有通用解决方案的情况下与多个编程库产生的集成成本。总体而言，对于数据用户处理使用各种库构建的异构模型并在不同终端上部署来说，该模式是必需的。

## 17.4.2 自动扩展部署模式

在部署之后，机器学习模型既要满足以每秒预测次数度量的吞吐量 SLA，也要满足以 TP95 响应时间度量的预测延迟 SLA。与离线模型相比，在线模型的 SLA 要求更加严格。自动扩展部署模式确保模型性能能够自动扩展，以适应不断变化的调用需求，并能够自动缩减以节省成本。

该模式有三个构建块：

*检测减速*

它持续度量模型性能并根据定义的阈值检测减速。阈值因模型的复杂度而异。例如，在线服务的延迟取决于模型的类型（深度学习模型与普通模型），以及模型是否需要来自特征存储服务的特征。通常，在线模型的 TP95 延迟是毫秒级的，并且支持每秒十万次的预测。

*定义自动扩展策略*

自动扩展策略会根据吞吐量或由减速检测触发时向上或向下调整服务模型实例的数量。该策略定义了每个实例的目标吞吐量，并为每个生产变体的实例数量提供了上限和下限。无论是在线模型还是离线模型，机器学习模型都是无状态的、易于扩展的。对于在线模型，它们向预测服务集群添加更多主机，并让负载平衡器分散负载。使用 Spark 进行离线推理需要添加更多执行器并让 Spark 管理并行性。

*隔离和批处理*

模型部署在多租户环境中。使服务器的单个实例同时服务于多个机器学习模型可能会导致跨模型干扰，并且需要模型隔离，以便一个模型的性能特性对其他模型的影响最小。这通常是通过为模型单独配置专用线程池来实现的。类似地，性能扩展的一个重要方面是将单个模型推理请求合并成批处理请求，以释放 GPU 等硬件加速器的高吞吐量。部署的终端实现了一个用于批处理请求和调度处理小任务组的批处理库。

考虑 TFX Serving 库的例子。TFX 会自动扩展模型部署。为了减少跨模型干扰，它允许使用调用方指定的线程池执行任何操作。这可以确保执行请求处理的线程不会与从磁盘加载模型所涉及的长时间操作冲突。TensorFlow Session API 提供了许多合理的方法来执行批处理请求，因为对于不同的需求没有单一的最佳方法，例如在线与离线服务、多个模型的交叉请求、CPU 与 GPU 计算以及同步与异步 API 调用。

自动扩展部署模式的优势在于它提供了性能和成本的最佳组合。该模式的缺点是在检测到饱和时，需要时间来启动和扩展模型性能。对于特征存储是扩展瓶颈的场景，该模式无济于事。总体而言，该模式可以自动处理性能问题，否则需要数据用户在生产中花费大量时间进行监控和配置。

## 17.4.3 模型偏移跟踪模式

模型偏移跟踪模式确保部署的模型正常工作。偏移跟踪有三个方面。第一是机器学习模型对于不同范围特征值的准确性。例如，当预测异常特征值不是在过去训练中看到的值时，模型是不准确的。第二是跟踪预测值的历史分布，也就是说，当模型预测输入特征的相似值较高或较低时，会检测趋势。第三，由于训练数据分布、数据管道代码和配置、模型算法和模型配置参数的变化，在重新训练之后，模型行为可能会发生变化。

该模式由以下构建块组成：

*数据分发和结果监控*

监控模型特征的分布变化。假设当模型被要求对不属于训练集的新数据进行预测时，模型性能能会发生变化。每个推理都会记录一个特定的推理 ID 以及输入特征值。此外，一小部分推理后来会与观察到的结果或标签值进行连接。将推理与实际值进行比较有助于计算精确的准确度指标。

*模型审计*

捕获与每个模型推理相关的配置和执行日志。例如，对于决策树模型，审计允许浏览每个单独的树以查看它们对整个模型的相对重要性、它们的分割点、每个特征对特定树的重要性、每个分割处的数据分布以及其他变量。这有助于跟踪模型的行为原因，以及在必要时进行调试。

Uber 的 Michelangelo 就是该模式的一个示例。客户端通过 RPC 发送 Thrift 请求以获取推理。Michelangelo 从特征存储中获取缺少的特征，根据需要执行特征转换，并调用实际的模型推理。它将所有细节作为消息记录在 Kafka 中，以进行分析和实时监控。它针对不同的模型类型使用不同的指标来跟踪准确度。例如，在回归模型中，它跟踪（R 平方 / 决定系数）(*https://oreil.ly/TLzuf*)、均方根误差（*https://oreil.ly/NDcO_*)(RMSE) 和平均绝对误差（MAE）(*https://oreil.ly/F1IUl*)。所使用的指标应该与问题相关，而且合理定义损失函数是模型优化的基础。

# 17.5 总结

编写一次性脚本来部署模型并不困难。针对模型训练类型（在线与离线）、模型推理类型（在线与离线）、模型格式（PAML、PFA、ONNX 等）、终端类型（Web 服务、IoT、嵌入式浏览器等）以及性能要求（由预测 / 秒和延迟定义）的不同组合，管理这些脚本非常困难。考虑到大量的组合，单个团队使用的一次性脚本很快就变成一种技术债，并且很难管理。组合的数量越多，就越需要使用模型部署服务实现自动化。

# 第 18 章

# 质量可观测性服务

到目前为止，我们已经介绍了洞察的部署，现在可以在生产中使用了。现在思考一个真实示例——在生产中部署业务仪表盘，该仪表盘显示了一个指标（例如新用户总量）的峰值。数据用户需要确保峰值实际上反映了真实情况，而不是有数据质量问题的结果。有几种情况可能会出错并导致质量问题：不正确的源模式更改、数据元素属性的更改、接入问题、源系统和目标系统的数据不同步、处理失败、生成指标的业务定义不正确等。

生产管道的质量跟踪是一个复杂的问题。首先，在数据管道中没有 E2E 统一的、标准化的多源数据质量跟踪。这就导致发现和修复数据质量问题会有很长的延迟。此外，目前也没有一个标准化的平台，需要团队应用和管理自己的软硬件基础设施来解决问题。其次，定义并大规模运行质量检查需要大量的工程工作。例如，个性化平台要求每天对数百万条记录进行数据质量验证。目前，数据用户依赖一次性检查，在大量数据流经多个系统的情况下，这种检查是不可扩展的。最后，不仅要检测数据质量问题，而且要避免将低质量的数据记录与其他数据集分区混合。质量检查应该能够在增量数据集上运行，而不是在整个 PB 级数据集上运行。洞察质量耗时包括分析异常的数据属性、调试质量问题的根本原因以及主动防止低质量数据影响仪表盘和模型的洞察等花费的时间。这些任务会减缓与管道相关的总体洞察耗时。

理想情况下，一个自助质量可观测性服务应该允许注册数据资产、定义数据集的质量模型，并在检测到问题或异常时进行监控和告警。数据特征异常是质量问题的潜在信号。在检测到质量问题时，该服务收集足够的详细分析信息和配置更改历史，以帮助找到根本原因并进行调试。最后，在将低质量的数据记录添加到数据集之前，该服务应该能够通过模式约束（schema enforcement）和隔离等方式主动预防质量问题。

# 18.1 路线图

监控洞察质量是一项持续的活动。影响洞察质量的关键因素是基础数据的质量，而基础数据是不断演进的。当使用机器学习模型预测时，质量差的数据可能会导致错误的业务洞察、客户体验不佳等。质量可观测性是一项必须具备的服务，尤其是在使用对数据噪声敏感的机器学习算法时。

## 18.1.1 每日数据质量监控报告

数据用户需要确保生成的洞察对消费是有效的。通常，该过程涉及验证从源到消费时的数据正确性。需要对生产中部署的数据集进行连续跟踪，以确保每日接入数据的质量。数据不完整、数据解释不明确、数据重复和元数据目录过时等数据质量问题会影响生成的机器学习模型、仪表盘和其他生成的洞察的质量。

每日数据质量报告的目标是防止低质量的数据影响生成的洞察。现在有多种技术用于验证数据质量，例如，验证数据类型匹配、源 – 目标基数和值分布，以及根据历史趋势分析统计数据以检测异常和潜在的质量问题。当大量数据跨多个平台流动时，验证数据质量既困难又昂贵。今天，这些检查是通过 SQL 实现的即席的、不全面的检查。数据用户通常会重新发明轮子来实现不同数据集的质量检查。

## 18.1.2 调试质量问题

在解释洞察（例如，预期的流量峰值）的背景下，数据用户花费大量时间来确定它是指示数据问题还是反映实际情况。做出这个决定需要对管道沿袭以及与管道中不同系统相关联的监控统计信息和事件日志进行深入分析。它需要花费大量时间来检测和分析每个变化。各种根本原因都可能会影响管道，例如空分区、意外的空值和格式错误的 JSON。图 18-1 说明了我们在生产中遇到的关键问题。考虑到问题的多样性，没有通用的调试方案。

## 18.1.3 处理低质量数据记录

除了检测质量问题之外，我们如何确保在接入低质量的数据时主动丢弃或清除它们，以免污染数据湖中的数据集呢？今天，这个过程是即席的，涉及数据工程和数据用户之间的来回转换。没有明确的策略来隔离、清理和回填具有低质量数据的分区。质量的定义可以扩展到其他属性，即检测数据中的偏差。对于数据集不是正态分布的机器学习模型，偏差是一个越来越重要的问题。

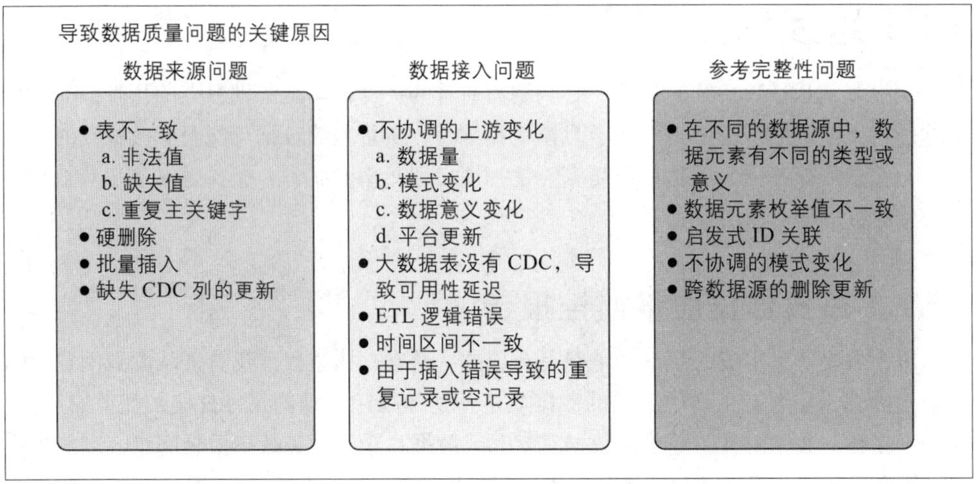

导致数据质量问题的关键原因

| 数据来源问题 | 数据接入问题 | 参考完整性问题 |
|---|---|---|
| • 表不一致<br>　a. 非法值<br>　b. 缺失值<br>　c. 重复主关键字<br>• 硬删除<br>• 批量插入<br>• 缺失 CDC 列的更新 | • 不协调的上游变化<br>　a. 数据量<br>　b. 模式变化<br>　c. 数据意义变化<br>　d. 平台更新<br>• 大数据表没有 CDC，导致可用性延迟<br>• ETL 逻辑错误<br>• 时间区间不一致<br>• 由于插入错误导致的重复记录或空记录 | • 在不同的数据源中，数据元素有不同的类型或意义<br>• 数据元素枚举值不一致<br>• 启发式 ID 关联<br>• 不协调的模式变化<br>• 跨数据源的删除更新 |

图 18-1：生产中遇到的关键数据问题

# 18.2 最小化洞察质量耗时

洞察质量耗时包括验证数据准确性的时间、剖析异常数据属性的时间以及主动防止低质量数据记录污染数据湖的时间。

## 18.2.1 验证数据的准确性

验证过程包括创建数据质量模型，以分析 E2E 管道中的单个数据样本。数据质量模型定义了数据、元数据、监控统计、日志消息等质量规则，涵盖了不同的数据质量维度，如准确性、数据剖析、异常检测、有效性和及时性。

这些质量检查可以应用于不同的数据生命周期阶段，使我们及早发现问题。各阶段如下所示：

*源头阶段*

　　应用层内的数据创建（事务数据库、点击流、日志、物联网传感器等）。

*接入阶段*

　　从源头批量或实时采集数据，并存储在数据湖中。

*准备阶段*

　　目录中可用的数据，记录了数据的属性以及元数据属性，如值分布、枚举等。

*指标逻辑阶段*

　　将数据转换为派生的属性或聚合，作为指标或特征提供。

现在，创建数据质量模型是即席的，在不同的数据集之间不能通用。我们可以使用 SQL 连接以及一次性脚本实现检查，用于分析监控统计数据和日志。需要一种通用的比较算法来减轻数据用户的编码负担，同时要求算法足够灵活，能够满足大多数精度要求。检查可以是通用数据属性和业务特定逻辑的组合。

## 18.2.2 检测质量异常

异常检测包括分析数据属性，并将其与历史趋势进行比较，以确定预期范围。异常现象是某些事物正在发生变化的迹象，有助于发现数据质量问题。并非所有异常都与数据质量问题有关，可能只是配置更改或模式更改的结果，这些变化可能会导致指标偏离以前的模式。区分真正的数据质量问题和简单的异常是一项挑战。没有一种算法对所有场景都适用。异常训练是个大问题，由于异常数据和正常数据之间的边界不精确，因此定义正常区域非常困难。正常的定义在不断演变——今天被认为正常的东西在未来可能不正常。每次误报都会导致调试和解释更改原因所花费的时间增加。

## 18.2.3 防止数据质量问题

前面的任务与检测数据质量问题有关，而该任务则是防止低质量的数据记录被用于生成洞察。例如，考虑这样一个场景：业务报告仪表盘显示由于缺少数据记录而导致的指标下降，或者在线训练的机器学习模型显示了由于训练中使用了损坏的记录而导致的预测错误。在接入时，具有数据质量问题的记录将根据准确性规则和异常跟踪进行标记。这些记录或分区作为数据集的一部分是不可见的，这使得数据用户无法使用这些数据。通过人工干预，需要清除或者丢弃数据中不一致的地方。数据质量和可用性之间存在权衡。积极地检测和预防低质量数据可能会导致数据可用性问题，如图 18-2 所示。相反，更高的数据可用性可能以牺牲数据质量为代价。正确的平衡取决于用例。对于为多条下游管道提供数据的数据集，确保高质量更为关键。问题解决后，需要回填 ETL 来解决数据可用性问题。

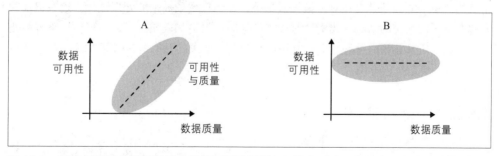

图 18-2：避免低质量的数据导致的数据可用性问题；不检查质量可确保高可用性，但需要后处理的方式，以确保一致的数据质量

# 18.3 定义需求

数据质量服务的有效性取决于生成的洞察的领域和类型。对于对高数据精度敏感的洞察，质量可观测性是必不可少的。每个企业都必须决定它们所需的每个标准的水平（总体上和针对特定的任务）。实施质量检查可能会成为一项煮海战术，重要的是通过逐步实施质量模型来确定关键质量需求的优先级和阶段性。

## 18.3.1 检测和处理数据质量问题

有多种不同的质量检查（*https://oreil.ly/rBWNU*），如空值检查、特定值检查、模式验证检查、列值重复检查和唯一性检查。此外，数据质量检查有几个不同的维度。Apache Griffin（*https://oreil.ly/FxJTq*）定义了数据质量的以下维度：一致性、准确性、完整性、可审计性、有序性、唯一性和及时性。数据质量检查的另一种分类法（如图 18-3 所示）基于首先验证表中单个列、多个列和跨数据库依赖项的一致性。

图 18-3：Abedjan 等人定义的数据质量检查分类法（*https://oreil.ly/mD7mz*）

数据质量需要同时支持批处理和流式数据源。用户可以注册用于数据质量检查的数据集。数据集可以是 RDBMS 或 Hadoop 系统中的批处理数据，也可以是来自 Kafka、Storm 和其他实时数据平台的近实时流数据。作为需求的一部分，需要创建所有数据存储的清单，并为互操作性确定优先级。

需求的另一个方面是定义在日常接入过程中检测到低质量数据的处理过程。这些记录的处理取决于数据集的结构。当需要修改老分区时，仅追加表相比于原地更新表更容易处理。处理低质量数据的过程需要定义谁收到告警、解决问题的响应时间 SLA、如何处理回填以及丢弃数据的标准。

## 18.3.2 功能性需求

质量可观测性服务需要实现以下功能：

*准确性度量*

   通过数据模式属性、值分布或业务特定逻辑，使用绝对规则对数据集的准确性进行评估。

*数据剖析和异常检测*
对数据集中的数据值进行统计分析和评估，以及预先构建算法函数，以识别不符合数据集中预期模式的事件（表明有数据质量问题）。

*主动避免*
防止低质量数据记录与其他数据集混合。

## 18.3.3 非功能性需求

以下是在设计质量可观测性服务时应考虑的一些关键非功能性需求：

*及时性*
可以及时执行数据质量检查，以更快地发现问题。

*可扩展性*
该解决方案可用于多个数据系统。

*可伸缩性*
该解决方案需要设计成可处理大数量级的数据（以 PB 为单位）。

*可定制化*
该解决方案应允许用户可视化数据质量仪表盘，并个性化仪表盘视图。

# 18.4 实现模式

与现有的任务图相对应，质量可观测性服务有三个自动化级别，如图 18-4 所示。每个级别对应将当前手动或效率低下的任务组合自动化：

*准确性模型模式*
自动创建模型，以验证大数量级数据的准确性。

*基于剖析的异常检测模式*
自动检测质量异常，同时减少误报。

*避免模式*
主动防止低质量记录污染数据集。

在研究领域，数据质量框架一直非常活跃。IEEE 有一个数据质量框架的全面调查
（*https://oreil.ly/Gn_QT*）。

---

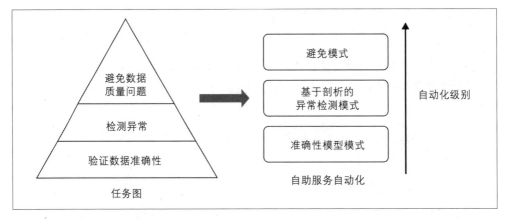

图 18-4：质量可观测性服务的不同自动化级别

## 18.4.1 准确性模型模式

准确性模型模式计算数据集的准确性。基本方法是通过匹配数据记录的内容、检查其属性和关系来计算出增量数据记录与现有源数据集的差异。

该模式的工作原理如下：

- 用户将黄金数据集定义为事实来源。这是数据集在属性数据类型、取值范围等方面的理想属性。用户定义映射规则，指定数据记录和黄金数据集之间列值的匹配。数据用户或中小企业（SME）定义规则。例如，规则可以指定电话号码列不能为空。用户还可以定义自己的特定功能。

- 映射规则作为质量作业，持续运行以计算数据质量指标。可以为不同的数据列定义指标，例如 rowcount、compressedBytes、nullCount、NumFiles 和 Bytes。检索数据后，模型引擎计算数据质量指标。

该模式的流行开源实现有 Amazon Deequ、Apache Griffin 和 Netflix 的 Metacat。

Deequ（*https://oreil.ly/gYNoH*）建立在 Apache Spark 之上，并且可以扩展以处理海量数据。它提供了约束验证，允许用户定义质量报告的测试用例。Deequ 提供了内置功能用于识别测试的约束，并根据测试计算指标。在实际部署中，一个常见的部署场景是随着时间的推移，通过新增新行来增加数据集。Deequ 支持有状态的指标（*https://oreil.ly/oVIZS*）计算，提供了一种验证增量数据加载的方法。在内部，Deequ 计算数据分区上的状态，这些状态可以聚合并用于形成其指标计算的输入。这些状态可用于更新数据集增长的指标。

## 18.4.2 基于剖析的异常检测模式

此模式侧重于对历史数据剖析的自动分析来检测数据质量问题。该模式有两个部分：a) 聚合数据集的历史特征，用来进行数据剖析；b) 异常检测，通过应用数学算法预测数据问题。总体而言，模式的目标是识别指示质量问题的异常数据属性。

该模式的工作原理如下：

- 使用不同类型的统计数据对数据进行剖析：

    —跟踪空值、重复值等的简单统计信息。

    —跟踪最大值、最小值、平均值、偏差等的汇总统计信息。

    —高级统计信息，如频率分布、相关统计等。

这些统计信息的历史记录与其他相关事件（如系统和工作负载中的配置更改）一起持久化。

- 历史趋势被提供给数学和机器学习算法中。针对预期值范围分析统计数据。例如，平均绝对偏差（MAD）计算每个数据记录与平均值之间的平均距离。这些差异的平均值是根据每个差值的绝对值计算的。超出阈值的数据记录被标记为异常，表明存在质量问题。类似地，也使用了机器学习算法，如欧几里得距离的聚类技术。实际上，不同的算法组合被优化以检测不同类别的异常，并且能够结合短期和长期趋势以及季节性。

这种模式有多种实现，即 Apache Griffin（*https://oreil.ly/hCaAa*）、LinkedIn 的 ThirdEye（*https://oreil.ly/isGfa*）和 Amazon 的 Deequ（*https://oreil.ly/GhP-d*）。

我们以 Apache Griffin 为例来说明这种模式。数据剖析可以基于使用 Spark MLlib 计算的列摘要统计信息。Spark 中的分析作业是自动调度的。对所有数据类型列只执行一次计算，并持久化为指标，如图 18-5 所示。对于异常分析，Griffin 使用了 Bollinger Band 和 MAD 算法。

## 18.4.3 避免模式

此模式可以防止低质量记录与数据集的其他部分合并。这是一种主动管理数据质量以减少对后处理数据的整理需求的方法。在没有这种模式的情况下，具有质量问题的数据会被机器学习模型和仪表盘使用，从而导致错误的洞察。调试洞察的正确性就像一场噩梦，需要根据具体情况进行不可持续的优化。

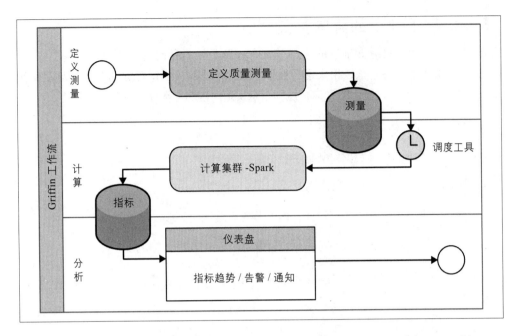

图 18-5：Apache Griffin 的内部工作流（来自 apache.org 网站（*https://oreil.ly/UMih1*)）

以下是实现此模式的常用方法。通常，这两种方法同时使用。

模式约束

在这种方法中，模式在数据湖接入期间被指定。模式在接收数据时被验证和强制执行，以防止坏数据接入数据湖。Databricks 的 Delta-Lake 实现了这种模式。

断路器

类似于微服务架构中的断路器模式（*https://oreil.ly/GpPvt*)，数据管道的断路器阻止低质量的数据传播到下游，如图 18-6 所示。结果是报告中将丢失低质量时间段的数据，但如果无质量问题，则保证数据是正确的。这种主动的方法使数据可用性与数据质量成正比。Intuit 的 SuperGlue（*https://oreil.ly/cYde*）以及 Netflix 的 WAP（*https://oreil.ly/3Rm9Z*)（Write Audit Push）实现了此模式。

为了说明断路器方法，我们首先介绍 Netflix 的 WAP 模式。新的数据记录被写入一个单独的分区。分区不会添加到目录中，并且对应用程序不可见。该分区会经过质量审核，如果审核通过，分区的详细信息就会被推送到 Hive 目录中，使记录可以被发现。一个相关的模式是 Intuit 的 SuperGlue，它可以发现管道沿袭，分析管道每个阶段的数据的准确性和异常情况，并使用断路器阻止下游处理。如图 18-7 所示，当检测到质量问题时，电路从关闭变为打开。

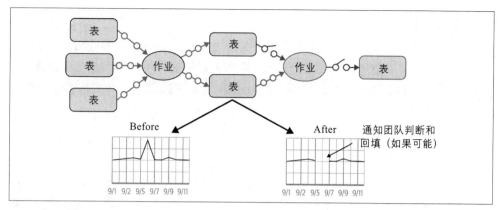

图 18-6：数据管道断路器（摘自纽约 O'Reilly Strata Conference，2018 年）(*https://oreil.ly/HBPn4*)

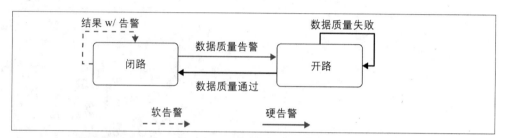

图 18-7：数据管道中断路器的状态图。闭路让数据继续流过管道，开路则停止下游处理。(摘自纽约 O'Reilly Strata Conference，2018 年 (*https://oreil.ly/HBPn4*))

根据置信级别，断路器模式要么生成告警，要么完全停止下游处理。图 18-8 举例说明了这一点。

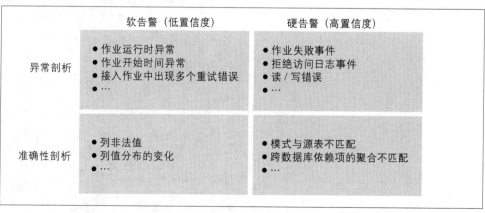

图 18-8：断路器模式中的软告警和硬告警对应的示例（摘自纽约 O'Reilly Strata Conference，2018 年）(*https://oreil.ly/HBPn4*)

# 18.5 总结

确保洞察的质量是实施阶段最具挑战性和最关键的方面之一。通常，终端用户使用仪表盘或机器学习进行决策时会发现这些问题。质量可观测性服务的关键成功标准是分析大量的可用信号，以主动检测质量问题，而不是用假阳性告警让数据用户应接不暇。

# 第 19 章

# 成本管理服务

现在我们已经在生产中部署了洞察，并持续监控洞察以确保其质量。操作阶段的最后一部分是成本管理。成本管理在云计算中尤其重要，因为按需付费模式（与传统的预先购买、固定成本模式不同）随使用量呈线性增长。随着数据大众化，数据用户可以在提取洞察的过程中实现自助服务，这存在资源浪费和成本不受约束的风险。数据用户通常会占用资源，但不积极利用这些资源，从而导致资源利用率低。在高端 GPU 上运行的一个错误查询可以在几个小时内花费数千美元，这通常会让数据用户感到惊讶。成本管理服务提供管理和优化成本所需的可见性和管控。它回答以下问题：

- 每个应用程序花费多少美元？

- 预计哪些团队的支出将超过预算？

- 是否能在不影响性能和可用性的情况下减少开支？

- 分配的资源是否得到了充分利用？

如今，实现成本管理有几个痛点。首先，根据场景的具体情况，有许多节省成本的策略。但数据用户不是云产品专家，无法根据工作负载特征和性能 SLA 来制定节省成本的策略。其次，数据用户很难高效地扩展处理和利用云计算的弹性。例如，要处理积压的查询，优化 10 个计算实例一个小时的成本相当于一个实例运行 10 个小时。最后，由于资源通常没有标签，而且云服务提供商提供的折扣使得真正的成本计算变得困难，不同的团队拥有的预算不同，所以成本花费和退款很难跟踪。总体而言，成本管理没有简单的通用方法，需要在性能、支出和利用率三者之间取得平衡。考虑到大量生产查询的离线成本优化、持续监控的开销（以避免成本高昂的查询），以及定期重新访问在云产品中使用的服务以降低成本，优化成本耗时会增加整体的洞察耗时。

理想情况下，成本管理服务应该能够通过扩展分配的资源来自动管理资源的供应和需求，以响应突发的数据处理工作负载；可以通过分析工作负载、分配的资源属性、预算、性能和可用性 SLA，来自动分析和推荐成本节约策略；能以细粒度的告警和监控跨数据管道、应用程序和团队的预算使用情况等形式提供可观测性的成本报告。通过简化数据用户的成本管理，可使降低总体的洞察耗时。

# 19.1 路线图

今天海量数据的很大一部分是在云中存储和处理的。Abdul Quamar（*https://oreil.ly/wOKvX*）列出了云服务的可扩展性、弹性、可用性、低拥有成本和整体规模经济性等优点。

随着企业迁移到云，数据用户需要注意成本，并在洞察提取过程的所有阶段积极优化支出。按需付费的模式有多种选择，尤其是无服务器（serverless）处理，其成本取决于查询扫描的数据量。如果不仔细管理，数据处理的成本可能会非常高。

## 19.1.1 监控成本使用

云处理账户通常由数据工程和 IT 团队建立。单个产品账户支持多个不同的数据科学家、分析师和用户团队。该账户托管多个团队使用的共享服务（请求交错）或为具有严格性能 SLA 的应用程序提供的专用服务。根据业务需要，预算会分配给每个团队。这些团队中的数据用户的花费应在其每月预算内，并确保查询提供适当的成本效益。

这带来了多重挑战。在大众化的平台中，用户也要对他们分配的预算负责，并且能够在预算、业务需求和处理成本之间做出权衡。为数据用户提供成本可见性对于共享服务来说并非易事。理想情况下，用户应该能够在发出请求时得到预计处理或训练的成本。

团队提供的资源通常没有标记，这使得责任追究变得困难。缺乏对适当实例类型的了解（如预留实例与按需实例与定点计算实例）会导致浪费大量成本。

## 19.1.2 持续成本优化

云中有几种大数据服务具有不同的成本模型。数据用户的成本优化有两个阶段。第一阶段发生在设计管道时。该阶段评估最适合工作负载和 SLA 要求的可用即用即付模型的选项。第二阶段分析利用率并不断优化配置。成本优化是一个不断完善和改进的过程，目标是建立和运行一个成本意识系统，在实现业务成果的同时将成本降至最低。换言之，成本优化的系统将充分利用所有资源，以尽可能低的价格实现结果，并满足功能需求。

考虑到与云产品相关的组合越来越多，为部署选择正确的设计和配置并非易事。例如，对于数据处理，可以自动调整为计算实例付费，也可以利用无服务器模式并根据查询扫描的数据量付费。正确的选择取决于工作负载模式、数据足迹、团队专业知识、业务敏捷性需求和 SLA 的可预测性。

# 19.2 最小化优化成本耗时

优化成本耗时包括选择经济高效的服务、配置服务和运营服务，以及基于持续的工作负载应用成本优化所花费的时间，主要分为三个模块：支出可观测性、供需匹配和持续成本优化。

## 19.2.1 支出可观测性

支出可观测性包括告警、预算、监控、预测、报告和精细的成本归属，目标是为业务和技术涉众提供可见性和治理。将资源成本归因到具体项目和团队的能力推动了资源高效使用的行为，并有助于减少浪费。可观测性允许对业务内的资源分配做出更明智的决策。

支出可观测性建立在聚合和分析多种不同类型的数据基础上，数据包括资源库存、资金成本和相关折扣、资源标签、用户到团队 / 项目的映射、使用情况和性能。成本归属是一个挑战，目前是通过账户结构和标签来完成的。

账户结构可以是父账户到多个子账户，也可以是用于所有处理的单个账户。标签允许将业务和组织信息重叠到账单和使用数据上。对于共享托管服务，将成本归因于项目很难准确地推理。成本可观测性的另一个方面是当资源不再被使用，或者孤立的项目不再拥有所有者时，配置发生更改时发出告警。需要持续跟踪资源和配置的详细库存。

## 19.2.2 供需匹配

供需匹配包括自动增加和减少分配的资源。有三个步骤。首先，服务根据策略自动向处理集群添加和删除服务器节点。或者，处理集群可以被认为短时的，并通过旋转来处理一个作业。其次，作为扩展的一部分，该服务利用不同的供应选项，例如混合使用 CPU 实例类型，即竞价（spot）、预留（reserved）和按需（on-demand）实例。最后，服务将工作负载特性适当地映射到可用的管理服务中。对于处理高负载查询的服务，按查询付费可能比为已分配的集群资源付费要昂贵得多。

关键的挑战是在即时需求中，在经济效益与资源故障、高可用性与供应时间之间实现平衡。并且，按需扩展资源对性能也有影响。

## 19.2.3 持续成本优化

这些任务的目的是优化开支，缩小项目间资源分配与相应业务需求之间的差距。在优化过程中，企业会跟踪（*https://oreil.ly/SC6aY*）如下指标：

- 每 6 个月或 12 个月将系统的每次交易或输出成本降低 x%。

- 将每天打开和关闭的按需计算实例的百分比提高到 80%～100%。

- 保持"始终开启"实例的数量，其作为预留实例，并保持在接近 100% 的水平。

当前成本优化的关键挑战是云中有太多的可用选项，理解这些策略的价值及其影响非常重要。但是理解这些策略需要专业知识和对广泛因素的理解，即存储分层、计算实例类型、托管服务的类型（无服务器数据还是传统数据）以及地理分布。同样，计算选项的范围越来越广，需要了解与计算、内存和网络相关的硬件组件。优化方法因工作负载类型而异，例如事务数据库、分析查询处理、图形处理等。

# 19.3 定义需求

成本优化没有通用的方案，成本管理服务的重要性取决于云产品的使用规模。对于在云端操作许多数据平台的企业来说，成本管理服务是必不可少的。每个数据团队都有独立的账户，这简化了支出的可观测性，但随着数百个账户的持续成本优化，这将成为一个管理噩梦。

## 19.3.1 痛点问卷

根据部署的具体情况，需要优先考虑不同的成本管理痛点。以下问题有助于揭示现有的痛点：

- 预算是否失控，在不影响业务需求的情况下有没有明确减少开支的途径？

- 云产品支出和业务优先级之间是否存在一致性差距？

- 分配的云资源的总体利用率是否较低？

- 通过更改已部署管道的配置，是否存在明显的积压机会以降低成本？

- 是否有很大比例的资源没有标签？

- 是否有很大比例的托管服务被使用？

- 不同项目的云产品预算分配是否基于预测？

- 是否有预防性告警，以避免数据用户可能不知道处理成本非常高昂？

- 在云端运行的工作负载是否可预测，而不是即席的？

## 19.3.2 功能性需求

成本管理服务需要支持以下核心功能：

*支出可观测性*

提供预算分配、成本和使用情况报告（CUR）、不同项目使用的资源、预测报告和资源标签支持等方面的告警和监控功能。

*自动扩展*

自动扩展和缩减资源，以及按需启动处理集群的策略。

*优化建议*

通过关闭未使用的资源、更改配置和策略、更改资源类型、针对工作负载类型使用不同的服务、计算类型、预留和托管服务等建议，以更好地匹配工作负载特征来降低成本。

*互操作性*

与部署在云中的现有服务清单的互操作性：数据库、存储、服务数据存储、计算实例和托管服务。支持不同的即用即付成本模型。

## 19.3.3 非功能性需求

以下是成本管理服务设计中应考虑的一些关键非功能性需求：

*直观的仪表盘*

目标是在用户中创造一种成本意识和优化的文化。仪表盘和报表需要简单直观。

*可扩展支持*

该服务应该很容易扩展到越来越多的系统和服务。数据用户、财务、高管和审计师应该能够定制仪表盘，以提取可操作的洞察。

# 19.4 实现模式

与现有任务图相对应，成本管理服务有三个自动化级别，如图 19-1 所示。每个级别对应将当前手动或效率低下的任务组合自动化：

*连续成本监控模式*

将实际成本、每个项目使用情况和数据用户活动关联起来，以创建可操作的监控仪表盘，用于预测和预算告警。

*自动扩展模式*

根据实际需求上下调整资源分配，以节省成本。

*成本建议模式*

分析当前适用的著名启发式方法和实践，以推荐成本优化策略。

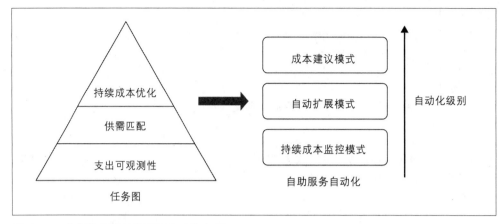

图 19-1：成本管理服务的不同自动化水平

## 19.4.1 持续成本监控模式

此模式的目标是聚合与成本跟踪相关的不同方面，并为数据用户、财务和管理人员提供一个相关且可操作的视图。今天，用户在不同的视图之间挣扎，例如，计费发票、计费使用控制台、预算工具、成本预测和 DIY 仪表盘。

此模式的工作原理如下：

*定义预算*

为不同的项目及其团队定义预算。这些预算既包括探索成本，也包括在生产中运行洞察。

*标记资源*

标记是一个简单的标签，由一个用户定义的键和一个可选值组成，用于更容易地管理、搜索和筛选资源。标签提供了资源消耗模式的更细粒度视图，通常指定与资源关联的团队、项目、环境（开发、暂存、生产）和应用程序名称。标签治理有被动式和主动式两种方法。被动式治理可以手动或使用脚本识别不正确的标签。主动式治理确保在资源创建时一致地应用标准化标签。主动式标签的一个例子是 createdBy 标签，它可以从一些云提供商（*https://oreil.ly/oh14t*）获得并自动应用于成本分配目的和其他可能未分类的资源。

*聚合信息*

成本监控需要聚合多个来源：a）资源清单及相应的标签；b）资源利用率；c）计费率和与资源相关的任何成本折扣；d）数据用户及其关联的团队和项目（用于归属探索或沙箱环境中产生的成本）。信息被聚合并关联到一个单一的窗格中。

*定义告警*

当花费或使用量超过（或预测将超过）预算金额时，将设置告警。当利用率下降到定义的阈值以下时，也会告警。

*预测成本*

根据利用率趋势，预测数据用户的未来成本，并为用户提供预测利用率的未来趋势信息。

Intuit 的 CostBuddy 是持续成本监控模式的一个开源示例（*https://oreil.ly/ar6KG*）。它结合利用率、定价、资源标签和团队层次结构，为团队提供监控和预测功能。它是专门为共享数据平台而构建的，其中多个团队使用同一个数据处理账户。它计算基于成本的关键绩效指标，即保留实例覆盖率和利用率、每日运行率、未充分利用的资源、未标记资源的百分比以及百分比差异（预算与实际）。这种模式的另一个示例是 Lyft 的 AWS 成本管理（*https://oreil.ly/HyVvN*）。

# 19.4.2 自动扩展模式

此模式侧重于利用云的弹性来响应增加的工作负载请求。传统上，对于内部部署，考虑到增加资源需要数周或数月的准备时间，因此在计划资源调配时考虑了过度分配。鉴于云的弹性，以防突发事件的供应已经被即时供应所取代。这种方法减少了闲置资源，即使在请求数量激增的情况下，也能提供稳定的性能。自动扩展是一种平衡行为，其目标是尽量减少浪费，同时考虑启动时间、可用性和性能 SLA。

该模式的工作原理如下：

*扩展触发器*

监控解决方案会收集并跟踪未完成的请求数量、队列深度、利用率、服务时间延迟等。基于用户配置的阈值，将生成一个用于扩展的触发器。触发器也可以基于时间。

*评估策略*

不同类型的策略可用于扩展。通常是使用基于需求的扩展、基于时间的扩展和缓冲策略的组合。最常见的策略是自定义资源的启动和停止时间表（例如，在周末关闭开发资源）。

*混合和匹配资源*

在扩展过程中，资源组合可以以最低的成本为请求提供最佳服务。扩展可以将现有计算实例与预留实例和按需实例混合使用。

扩展需要考虑新配置资源的预热时间以及对性能和可用性 SLA 的短暂影响。通过使用预设的机器镜像来权衡这些实例的配置，以降低扩展的速度。自动扩展是现在所有云提供商的基本功能。此外，还有第三方解决方案，如 GorillaStack、Skedlly 和 ParkMyCloud。

有不同类型的策略（*https://oreil.ly/7veSB*）可用于扩展供需匹配：基于需求、基于缓冲区和基于时间。通常，部署会使用以下策略类型的组合：

*基于需求的扩展*

在需求高峰期间，通过自动增加资源数量以保持性能，并在需求消退时通过减少容量以降低成本。典型的触发指标是 CPU 利用率、网络吞吐量、延迟等。策略需要考虑新资源的供应速度，以及供需之间的余量大小，以应对需求变化率和资源故障。

*基于缓冲区的扩展*

缓冲区是一种机制，当应用程序在一段时间内以不同的速率运行时，它们可以与处理平台进行通信。来自生产者的请求被发布到一个队列中，并将生产者的吞吐率与消费者的吞吐率解耦。这些策略通常应用于后台处理，以生成不需要立即处理的重要负载。这种模式的先决条件之一是请求的幂等性，以便允许使用者多次处理消息，并且随后处理消息时，它对下游系统或存储没有影响。

*基于时间的扩展*

对于可预测的需求，采用基于时间的方法。系统可以按计划在规定的时间内进行放大或缩小。扩展不依赖资源的利用率级别。其优势是资源可用性不会因为启动程序而出现任何延迟。

# 19.4.3 成本建议模式

成本建议模式分析工作负载和资源使用模式，为优化成本提出策略建议。成本优化是一个持续的过程，建议会随着时间的推移而不断变化。通常，模式被实现为 if-then 规则的集合，这些规则在云账户中定期运行。如果规则中的条件与部署匹配，则显示建议。通常，建议基于变更的复杂性而不是预期的影响来应用。这种模式有多个示例，例如 AWS Trusted Advisor 和 Azure Advisor。Cloud Custodian（*https://oreil.ly/MAvYr*）是一个基于规则的开源引擎，Ice（*https://oreil.ly/tFPlX*）是 Netflix 最初开发的一个优化工具。还有第三方工具，如 Stax、Cloudability、CloudHealth 和 Datadog。

虽然成本优化规则的综合内容超出了本书的范围，但无论从通用角度还是从部署的管理服务的角度来看，这些规则都贯彻了某些原则。

*消除闲置资源*

这是一个低风险的结果，用户经常会启动资源而忘记关闭它们。

*选择正确的计算实例*

云计算支出中占比最大的是计算成本。选择正确的实例类型有两个方面。第一是根据工作负载需求具有正确的计算带宽、网络带宽和存储带宽的实例。第二是选择正确的购买选项，即按需、竞价和预留实例。

*分层存储并优化数据传输成本*

考虑到数据量不断增长，请确保将数据归档到更便宜的层级，尤其是在不经常使用的情况下。此外，数据传输成本也会显著增加。

*利用工作负载的可预测性*

将频繁和可预测的工作负载（例如，全天候的数据库工作负载）与不频繁、不可预测的工作负载（例如，交互式探索性查询）分开。成本建议规则对这些工作负载应用不同的策略建议，例如，使用长时间运行的处理集群、每个作业的临时集群和无服务器（如按查询付费）模式。

*优化应用程序设计*

这包括更基本的设计选择，例如地理位置选择、托管服务的使用等。

# 19.5 总结

为了利用云中可用的无限资源，企业需要无限的预算！成本管理对于确保数据平台的有限预算与业务优先级的有效配合至关重要。由于有众多选择，所以成本管理就像黑盒，需要不断优化成本，以适应日常工作中变化的工作负载。

# 关于作者

**Sandeep Uttamchandani** 博士是 Unravel Data Systems 的工程副总裁兼首席数据官。他在构建企业数据产品和运行 PB 级数据平台（用于关键业务分析和机器学习应用程序）方面拥有近 20 年的经验。最近，他在 Intuit 管理数据平台团队，为 Intuit 的财务会计、工资单和支付产品提供分析和机器学习支持。Sandeep 之前是一家使用机器学习管理开源产品安全漏洞的初创公司的联合创始人兼 CEO。他在 VMware 和 IBM 担任工程领导职务超过 15 年。

Sandeep 拥有 40 多项已授权的专利，在重要技术会议上发表了几十篇论文，并获得了多项产品创新和管理卓越奖。他是数据会议的常客，也是大学的客座讲师。他为初创企业提供咨询服务，并曾担任多个会议的项目 / 指导委员会成员，还担任 Gartner's SF CDO 和 Usenix Operational ML（OpML）会议的联合主席。Sandeep 拥有伊利诺伊大学香槟分校的计算机科学博士和硕士学位。

# 关于封面

本书封面上的动物是汤森大耳蝠（corynorhinus townsendii）。这种飞行哺乳动物原产于北美洲西部，多栖息于犹他州和科罗拉多州等落基山州的松林中，在墨西哥南部也可以看到。

在夏季，这种动物更喜欢待在温度低且稳定的开阔区域，比如洞穴、悬崖，甚至废弃的矿区。雄性通常独自栖息，雌性则会在 12～200 只的母性群体中饲养幼崽。汤森大耳蝠的羽翼面积质量比很大，具备高机动性、低速飞行和飞行时悬停的能力。这种动物的直线飞行速度在 6.4～12.3 英里 / 时（1 英里 / 时≈1.6 千米 / 时）之间。

汤森大耳蝠的大耳朵使其能够准确地导航和捕猎。这种动物从喉部发出低频脉冲，仅持续几千分之一秒，然后从物体上反弹并回到耳朵。通过这些快速传播的信号，这种动物能确定主要猎物——飞蛾（飞蛾约占其食物的 80%）的形状、大小、距离，甚至质地。这种蝙蝠可以有效地防治害虫，有助于减少昆虫对环境和农业造成的损害。

O'Reilly 封面上的许多动物都濒临灭绝，它们对世界都很重要。

封面插图由 Karen Montgomery 根据 British Quadrupeds 的一幅黑白版画绘制而成。